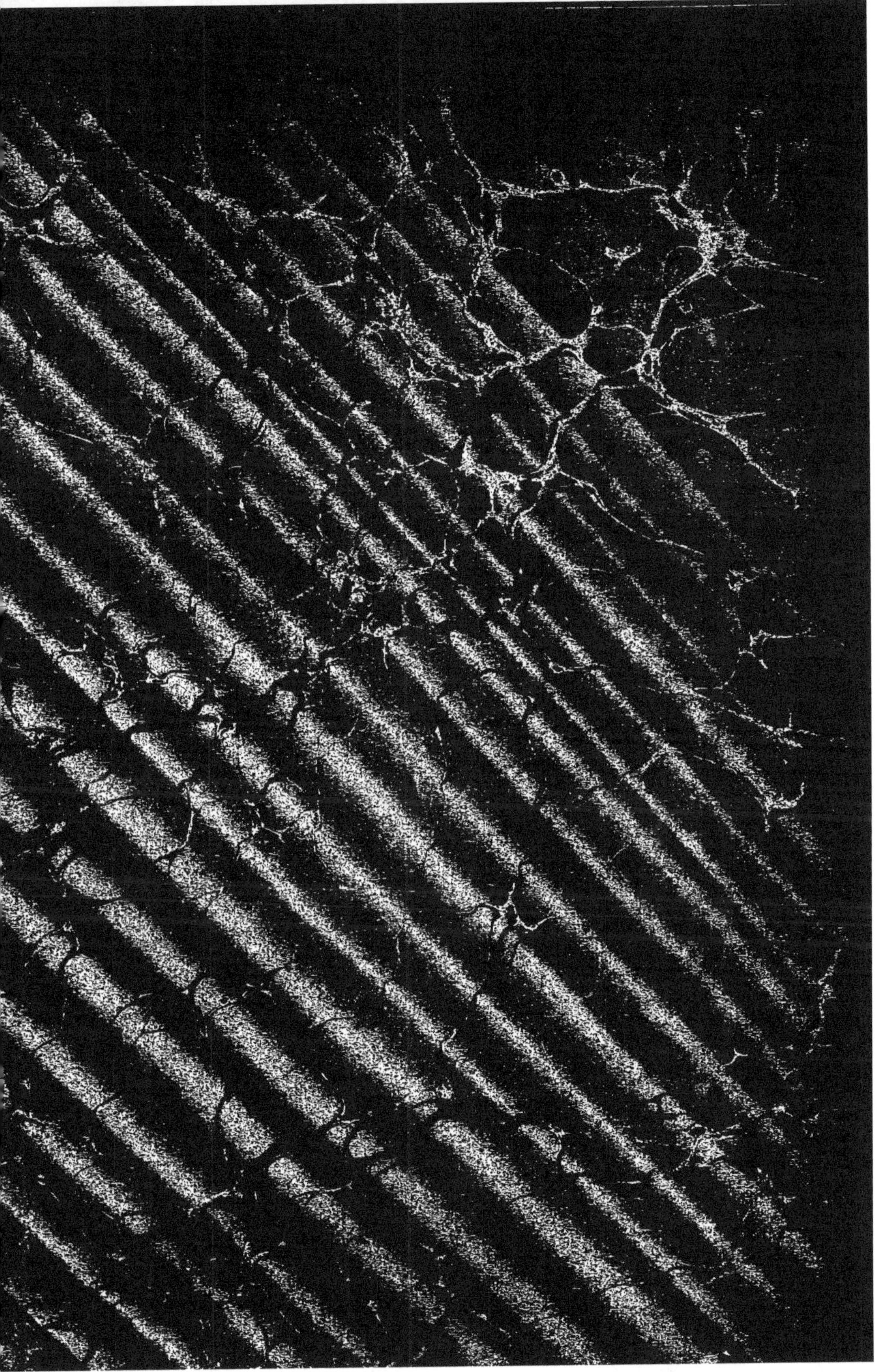

DÉVELOPPEMENT

DU

VER A SOIE DU MURIER

(BOMBYX MORI)

DANS L'ŒUF

PAR

ALEXANDRE TIKHOMIROFF

PROFESSEUR DE ZOOLOGIE A L'UNIVERSITÉ DE MOSCOU
DIRECTEUR DU COMITÉ DE SÉRICICULTURE DE MOSCOU
VICE-PRÉSIDENT DE LA SOCIÉTÉ IMPÉRIALE RUSSE D'ACCLIMATATION

Édition Française revue par l'Auteur

Extrait du Rapport des Travaux du *Laboratoire d'Études de la Soie*
pour l'année 1891

LYON

IMPRIMERIE ALEXANDRE REY

4, RUE GENTIL, 4

1892

DÉVELOPPEMENT

DU

VER A SOIE DU MURIER

(BOMBYX MORI)

DANS L'ŒUF

DÉVELOPPEMENT

DU

VER A SOIE DU MURIER

(BOMBYX MORI)

DANS L'ŒUF

PAR

ALEXANDRE TIKHOMIROFF

PROFESSEUR DE ZOOLOGIE A L'UNIVERSITÉ DE MOSCOU
DIRECTEUR DU COMITÉ DE SÉRICICULTURE DE MOSCOU
VICE-PRÉSIDENT DE LA SOCIÉTÉ IMPÉRIALE RUSSE D'ACCLIMATATION

Édition Française revue par l'Auteur

Extrait du Rapport des Travaux du *Laboratoire d'Études de la Soie*
pour l'année 1891

LYON

IMPRIMERIE ALEXANDRE REY

4, RUE GENTIL, 4

1892

PRÉFACE

J'envoie mes profonds remercîments au *Laboratoire d'Etudes de la soie*, qui a voulu joindre à la série de ses éditions la traduction en ce moment sous presse, de mon ouvrage publié en 1882 en langue russe, dans les *Travaux du Laboratoire du Musée zoologique de l'Université de Moscou*, rédigé par mon très honoré et respecté maître A.-P. Bogdanoff.

En 1882 apparurent, comme on le sait, presque simultanément, mon travail concernant l'histoire du développement du ver à soie et le travail de M. Selvatico, consacré au développement des Lépidotères et du *Bombyx mori* en particulier [1].

Quoique nous ayons travaillé indépendamment l'un et l'autre, nos recherches ont néanmoins abouti à des résultats fort analogues; il m'est d'autant plus agréable d'en faire la remarque, que Selvatico à toujours pu vérifier les principales de mes conclusions, vu que je les ai publiées encore en 1879 dans un des journaux allemands *(Zoolog. Anzeiger)*. Voici les paroles de Selvatico concernant mon exposé préliminaire : « Quoique, dans ce travail, Tikhomiroff n'ait touché que quelques points du développement du ver à soie et qu'il n'ait exposé le résultat de ses

---

[1] Le travail de Selvatico, quoique plus bref que le mien (il ne contient qu'une trentaine de pages) aborde néanmoins toutes les questions principales de l'*Histoire du développement des Lépidoptères*. Ce travail a été publié d'abord en italien, plus tard en français dans le *Journal de Micrographie*, 6ᵉ année (1882)

études que sous la forme de douze courtes conclusions, il m'a cependant été d'un grand secours et m'a épargné de notables fatigues, ainsi qu'on pourra le voir dans le cours du présent travail où je ne manquerai pas de le citer chaque fois que je rencontrerai un sujet que nous avons traité l'un et l'autre. » (*L. c.*, p. 10.)

Dans le cours des dix dernières années, il n'a pas été publié de traités spéciaux concernant le développement embryonnaire du ver à soie. Seul un auteur allemand qui a étudié avec beaucoup de soin l'embryologie des insectes, V. Graber dans les *Vergleichende Studien am Keimstreif der Insecten* (Wien, 1890) a publié quelques nouvelles données sur l'embryologie du *Bombyx mori*.

A l'égard de cette lacune, je me suis borné, en revoyant définitivement ma traduction, à ne faire que quelques changements purement de rédaction du texte primitif des cinq premiers chapitres. Considérant comme superflu le sixième chapitre dans sa forme primitive, je l'ai complètement récrit en lui donnant de plus un caractère tout à fait différent du texte primitif. Le fait est que, dans l'édition russe de mon travail, ce chapitre a été consacré à l'examen de certaines questions embryologiques générales; je n'ai pas cru nécessaire de reproduire ce chapitre dans l'édition présente, vu qu'à ce moment, dix ans étant écoulés, il aurait fallu y faire beaucoup de changements ; d'autre part, les questions embryologiques purement théoriques ne doivent pas, à mon avis, être traitées dans un *Compte rendu des travaux du Laboratoire d'Etudes de la Soie*, exclusivement consacrés à l'étude du ver à soie et à la sériciculture scientifique, c'est pourquoi, je me borne dans le vɪᵉ chapitre de cette édition à comparer les résultats de mes investigations personnelles avec ceux des auteurs qui ont étudié l'histoire du développement chez les insectes après les publications de mon travail en langue russe, autant naturellement que les investigations de ces auteurs ont un rapport direct ou indirect à l'histoire du développement du ver à soie.

En dernier lieu, il m'est impossible de ne pas exprimer ma profonde gratitude à M. le Directeur du *Laboratoire d'Etudes de la Soie*, M. J. Dusuzeau, pour tous les bons et aimables procédés qu'il a eus pour moi durant l'édition de mon ouvrage dans sa forme actuelle, et à mon honoré ami, M. G. Caspari à Moscou, qui a voulu prendre la peine de rédiger le texte français de mon ouvrage.   A. T.

Le 11 juillet 1891.

DÉVELOPPEMENT

DU

VER A SOIE DU MURIER (B. MORI) DANS L'ŒUF

CHAPITRE PREMIER

LES PRODUITS SEXUELS

Description sommaire de la gaine ovarique du *Bombyx mori*. — Exposé
historique des opinions émises à l'égard du sort des éléments histologiques
qui remplissent la gaine ovarique des insectes. — Oogénèse chez le ver à
soie du mûrier : éléments qui remplissent le cæcum de la gaine ovarique ;
les cellules vitelliformatives ; le sort de l'épithélium ; les parties de la gaine
ovarique correspondantes à l'ovaire et à l'oviducte. — Morphologie des
sphères (faisceaux) séminales chez les insectes. — Exposé historique. —
Spermatogénèse chez le *Bombyx mori*. — Les homologies dans les organes
sexuels mâles et femelles, chez les insectes.

Procédant à l'exposition de l'histoire du développement du ver à soie
dans l'œuf, je trouve fort à propos de faire précéder celle-ci par la description des produits sexuels de notre insecte : de ses œufs et de ses spermatozoïdes. En parlant des produits sexuels dans cette partie de mon
travail, je m'arrêterai surtout sur leur genèse, car, sans la genèse nous
ne pourrions pas nous rendre compte de leur signification morphologique ; d'un autre côté cette explication me paraît être un problème de
première importance pour l'embryologie de l'animal en question. C'est
ainsi que ce premier chapitre aura pour objet d'insister plutôt sur la signification générale morphologique des produits sexuels que de s'arrêter
sur les détails qui trouveront place dans la seconde partie de mon travail.
Nous parlerons d'abord des produits sexuels de la femelle et ensuite de
ceux du mâle.

DESCRIPTION SOMMAIRE DE LA GAINE OVARIQUE DU « BOMBYX MORI ». —
Si nous observons les ovaires d'un papillon adulte du *B. mori* au moment
de la copulation, nous remarquerons qu'une partie des œufs est libre
dans chaque gaine ovarique (on peut en compter de 30 à 40) ; en suivant la gaine ovarique dans la direction de son extrémité supérieure,

nous verrons que le reste des œufs (au nombre de 20 à 25) se trouvent encore dans les chambres germinatives, c'est-à-dire enveloppés d'épithélium qui a produit le chorion, déjà entièrement développé dans la plus grande partie des œufs ; plus loin, en montant, on voit 2 à 3 chambres contenant encore les cellules dites vitelliformatives ; et enfin la partie terminale de la gaine ovarique se présente sous le même aspect que chez la chrysalide, mais déjà avec des signes évidents d'une dégénérescence graisseuse.

Par conséquent, nous devons examiner la chrysalide pour pouvoir nous expliquer, autant que possible, tous les détails de l'oogenèse de notre insecte. Les papillons du ver à soie ont une vie très éphémère et de plus, comme on le sait, ne prennent aucune nourriture : c'est pourquoi il n'y a rien d'étonnant si leur gaine ovarique ne contient pas de portion active comme les autres papillons dont les gaines ovariques dans leurs parties supérieures restent, durant toute leur vie, telles qu'elles étaient chez la chrysalide. La gaine ovarique du *Bombyx mori* au stade de chrysalide nous offre l'image bien connue et souvent décrite des autres chrysalides. Étant enveloppée de sa propre membrane et entourée par la tunique péritonéale fibro-musculaire (le tube de Müller), chaque gaine ovarique se présente partagée en plusieurs chambres. Chaque chambre, à son tour, est partagée en deux compartiments : l'un inférieur, dans lequel se trouve l'œuf en voie de développement ; l'autre supérieur, contenant les cellules vitelliformatives *(fig. 1, pl. I)*. La division de la chambre en deux compartiments devient de moins en moins marquée à mesure qu'on approche des cæcums ovariques et la distinction entre l'œuf et les cellules vitelliformatives devient moins manifeste. En montant encore vers le cul-de-sac de la gaine (cæcum ovarique), nous rencontrons d'abord les chambres non partagées en compartiments ; ensuite la division même de la gaine ovarique devient moins apparente, et enfin nous arrivons à un point où la gaine ovarique ne se présente que sous la forme de tube cylindrique, rempli alternativement de cellules vitelliformatives et de jeunes œufs, de manière à ce que 5 à 7 cellules soient superposées à un ovule, donc près du cæcum ovarique cette disposition cesse d'être apparente : la gaine ovarique semble être remplie sans ordre de grosses cellules. Ces dernières (les jeunes ovules et les jeunes cellules vitelliformatives) en avançant vers le cæcum, diminuent de plus en plus de volume, prenant l'aspect de l'épithélium revêtant en dedans la gaine ovarique qui ne présente aucune forme particulière de ses éléments chez

les *Bombyx mori*, comme cela a lieu souvent chez les autres Lépidoptères. Enfin, tout au bout du cæcum ovarique il est impossible de
distinguer les œufs des cellules vitelliformatives et de l'épithélium; en
un mot, l'extrémité supérieure de la gaine est formée de cellules indifférentes.

Il suit de cette description sommaire que trois genres d'éléments
histologiques entrent dans la composition de la gaine ovarique; ce
sont : l'épithélium, les cellules vitelliformatives et les ovules ou plutôt
les germes des œufs. Par conséquent nous ne pouvons nous former une
idée claire de la signification morphologique de l'œuf de l'animal en
question, qu'en poursuivant le sort de chacun de ses éléments. Je ne fais
mention que de ces trois éléments et je passe sous silence la dernière
partie constitutive de la gaine ovarique, la membrane propre, car *a
priori* il est difficile de supposer que cette mince couche amorphe puisse
prendre part à la formation de l'œuf, quoiqu'un auteur, qui s'est occupé
de la morphologie de l'œuf, insiste sur ce point. Cet auteur est, comme
nous le verrons, Nathusius, dont les idées sont si différentes de celles des
autres observateurs. La question de la part que chacun des éléments
mentionnés prend dans la formation de l'œuf de l'insecte a été fréquemment discutée, et, en l'abordant de nouveau, nous touchons à un terrain
suffisamment étudié. Par conséquent, nous ne trouvons pas inutile de
faire ici une réserve. Des autorités éminentes ont pris pour objet de leurs
études la question du développement de l'œuf chez les insectes; il suffit
de nommer parmi les plus récents : Huxley, Lubbok, Siebold, Leuckart,
Leidig, Waldeyer : fort récemment des ouvrages spéciaux même, consacrés à cette question, ont été publiés; un ouvrage de ce genre a été
inséré dans les éditions de notre Société[1]. Il semblerait après cela inutile
de revenir à la même question dans une description d'un seul insecte et
qu'il nous resterait à appliquer le schéma élaboré pour les insectes en
général aux faits anatomiques concernant le *Bombyx mori*. Néanmoins,
nous avons essayé de donner au premier chapitre de notre travail une
signification plus générale et d'y toucher à quelques questions sur la
morphologie de l'œuf des insectes en vue des considérations suivantes :
que certaines questions ont été différemment interprétées par divers
auteurs, que les organes sexuels des insectes n'ont pas encore été exa-

---

[1] A. Brandt, Recherches comparatives sur les gaines ovariques et les œufs des insectes
(*Travaux de la Société Impériale des Amis des Sciences naturelles*, t. XXIII, fasc. 1) (russe).

minés en détail à l'aide de coupes. Nous avons cru nécessaire de combler cette lacune. Le problème que nous nous proposons ici aura donc en vue d'examiner le sort de l'épithélium, des cellules vitelliformatives et des œufs du *Bombyx mori*, et de comparer les données qui ont rapport à ceux-ci avec celles fournies pour les autres insectes.

La première question qui se présente à nous est la suivante : Où devons-nous chercher l'origine des éléments sus-mentionnés ? La deuxième question est de savoir le rapport qui existe entre chacun de ces éléments et l'œuf en voie de développement. Troisièmement, quel est le sort définitif de chacun de ces éléments?

EXPOSÉ HISTORIQUE DES OPINIONS ÉMISES AL'ÉGARD DU SORT DES ÉLÉ-MENTS HISTOLOGIQUES QUI REMPLISSENT LA GAINE OVARIQUE DES INSECTES. — Avant d'exposer mes observations personnelles sur le *Bombyx mori*, je me vois obligé de faire un exposé historique succinct des opinions émises dans la littérature zoologique concernant ces trois questions. Stein est le premier qui nous fournit un tableau histologique complet des organes sexsuels femelles des insectes[1]. On sait que les gaines ovariques de beaucoup d'insectes se terminent en cul-de-sac, à leur bout supérieur, en formant une petite ampoule appelée chambre supérieure; chez d'autres insectes, un prolongement quelquefois considérable de la gaine ovarique part de la chambre supérieure en formant ce qu'on nomme le *fil terminal:* ceux-ci, comme l'ont démontré plusieurs observations, se terminent tantôt en cul-de-sac, tantôt ils se fusionnent d'une manière ou d'une autre.

La description de Stein nous apprend que le fil terminal contient sous son enveloppe propre, dans sa partie supérieure, des noyaux sans corps protoplasmiques distincts, tandis que plus bas se trouvent de véritables cellules, qui plus tard aboutissent directement aux cellules épithéliales de la chambre terminale. C'est aussi dans la chambre terminale, en dedans de l'épithélium, que se trouvent, d'après Stein, les germes des œufs. Il suppose que ces germes apparaissent primitivement sous forme de noyaux, car il prétend avoir souvent vu des noyaux pourvus d'une minime quantité de jaune aux deux côtés et qui manquaient complè-tement aux deux pôles[2]. Deux ans après l'ouvrage de Stein, apparut le

[1] Stein, *Vergleichende Anatomie und Physiologie der Insecten.*
[2] *L. c.*, p. 64.

travail de H. Meyer concernant, entre autres, le développement des organes sexuels chez les Lépidoptères[1]. Le premier développement des éléments histologiques de la gaine ovarique se présente ici beaucoup plus compliqué que dans les observations de Stein. L'auteur décrit le développement des œufs chez la larve, et dit qu'à une certaine époque, en dedans d'une jeune gaine ovarique *(Schlauch)*, on observe deux espèces de noyaux plongés dans un liquide albumineux ductile, pourvus de noyaux et dont les uns é'aient deux fois aussi grands que les autres. Les uns et les autres reçoivent bientôt un corps cellulaire *(umgeben sich mit Zellen)*. Il dit plus loin, que les noyaux qui sont plus petits servent à former l'épithélium, ceux qui sont plus grands vont former les œufs. Le développement de ceux-ci (chez le *Bombyx mori*, l'*Hyponomeuta variabilis)* s'opère de façon que chaque cellule-mère produit, à la suite de la division du noyau originaire, cinq à six nouveaux noyaux aux dépens desquels se développent, à la manière de la cellule-mère, l'œuf ainsi que les cellules vitelliformatives, *abortive Eier*, comme les nomme l'auteur[2]. Nous voyons donc que les deux auteurs s'accordent sur le même point en affirmant que tous les éléments histologiques de la gaine ovarique existent primitivement à l'état de noyaux libres.

On peut supposer que telle était à cette époque l'opinion générale sur l'origine des nouvelles cellules dans l'organisme et que les faits de l'oogenèse étaient soumis au même schéma général. En effet, nous trouvons chez Leuckart, dans son article « *Zeugung* » (R. Wagner, *Handwörterbuch der Physiologie*), la confirmation directe de ce point de vue : en parlant de l'origine de l'œuf, l'auteur avance que Stein ainsi que lui n'ont pas vu de noyaux libres, mais il ajoute : « Donc malgré cela, selon toute l'analogie nous pouvons supposer avec certitude qu'il doit exister un stade plus précoce pendant lequel le noyau est entièrement isolé » et plus loin dans le chapitre *Morphologie des Eies*, nous lisons que [3] « chez les animaux l'œuf prend son origine autour d'un noyau par la voie de la transformation ». Chez Leidig[4], nous trouvons une opinion toute contraire. Adversaire des opinions de J. Müller sur la signification des fils terminaux des ovaires des insectes [5], il est évident

---

[1] H. Meyer, *Ueber die Entwickelung des Fettkörpers der Tracheen und der keimbereitenden Geschlechtstheile bei Lepidopteren* (Z. f. w. Z., Bd. I).

[2] *L. c.*, p. 191, ss.

[3] *L. c.*, p. 803.

[4] F. Leidig, *Der Eierstock und die Samentasche der Insecten*, 1866.

[5] Remarquons que Leidig, dans l'ouvrage *(l. c.,* p. 54), dit avoir le premier réfuté la

que Leidig a dû scrupuleusement analyser le contenu des gaines ovariques, lesquelles selon lui, ne sont pas les conducteurs des produits sexuels, mais le lieu de leur origine. L'auteur nous apprend qu'immédiatement au-dessous de la membrane propre des tubes terminaux (chez *Carabus cancellatus)* se trouvent des noyaux entourés de protoplasma sans division en cellules ; Leidig voit dans cette formation la matrice de la membrane propre du fil terminal qui fait la suite immédiate de l'épithélium de la partie de la gaine ovarique qui se présente déjà divisée en chambres. En dedans de la matrice, Leidig dit avoir trouvé de grosses cellules dont il avance par rapport au *Carabus cancellatus* « qu'elles sont grosses, ont un contenu clair et un noyau également gros et clair » (p. 4). On peut se faire une idée de la signification que Leidig attribue à ces cellules par le passage suivant, concernant les organes sexuels du *Carabus cancellatus :* « On doit regarder les germes des œufs comme des produits de la transformation ou de l'évolution des cellules qui remplissent le fil terminal des gaines ovariques », cela veut dire que Leidig considère les susdites cellules comme les germes des œufs. De cette manière l'auteur est d'avis que, chez tout insecte, l'œuf à son stade initial, représente une cellule munie d'un noyau. Waldeyer, dans son traité *Eierstock und Ei* et dans le chapitre xxv du recueil de Stricker, énonce une opinion différente. Il nous présente un schéma de la gaine ovarique de *Vanessa urticæ.* Chaque gaine de ce papillon se terminerait en cæcum ; dans lequel on ne trouverait que du plasma avec des noyaux dispersés çà et là ; plus bas (au-dessous du cæcum) le plasma se modifierait autour de chaque noyau et il se formerait ainsi des cellules dont la couche périphérique représenterait l'épithélium, la partie centrale, les germes des œufs et des cellules vitelliformatives. Par conséquent nous devons admettre, que les organes sexuels femelles des Lépidoptères, d'un côté, s'éloignent du schéma donné par Leidig pour d'autres insectes ; car cet auteur considère les cellules qui occupent le centre du fil terminal comme les germes des œufs des insectes qu'il avait examinés ; ou, d'un autre côté, parmi les insectes, ce sont surtout les Lépidoptères qui, vu leurs organes sexuels peuvent le mieux être soumis au schéma tracé par E. van Beneden pour tout le règne animal. En effet à la page 213 de ses *Recherches sur la composition et la signification de l'œuf,* l'auteur dit que les premiers germes d'œufs chez tous les vers, les crustacés, les vertébrés, observés

théorie de J. Müller sur la connexion entre la cavité du cœur et celle des gaines ovariques.

jusqu'à présent, se forment de la même manière; il est probable que chez le reste des animaux il en est de même; van Beneden nous fait comprendre plus loin, que le même mode d'origine commune à tous les œufs consiste en leur provenance en protoplasme dans lequel se trouvent des noyaux. En rapportant les observations de Schneider sur les Nématodes, van Beneden dit que ce protoplasma uniforme n'est, suivant toute probabilité, que le contenu de la cellule qui a donné naissance au tube ovarique tout entier. Cet auteur suppose donc que ce plasme, avec ses noyaux, représente une agglomération de cellules non séparées définitivement. Ludwig soutient très positivement la même opinion par rapport aux insectes, en disant [1] que le contenu du tube ovarique de la larve de *Zerene grossularia* présente une masse de petites cellules, dont souvent on ne peut dire si elles sont partagées ou si elles ne présentent qu'une plasmode. Nous voyons ainsi se former peu à peu l'opinion relative également aux insectes, que l'œuf provient d'une cellule nucléée. Néanmoins un point de vue différent au sujet de l'œuf continuait à subsister; l'un entre autres, soutenu dans ses Leçons par Milne Edwards [2] comme une thèse solidement établie, que l'œuf, étant cellule, est une formation *sui generis* prenant son origine du noyau, qui ne s'enveloppe de vitellus que plus tard.

Si nous jetons un coup d'œil sur la littérature russe, nous y trouvons un grand nombre d'opinions émises sur la signification morphologique de l'œuf chez les insectes. Ainsi Ganine [3] affirme que l'œuf des mouches qu'il a observées *(Psychoda phalenoïdes, Mycetobia pallipes, Scatopse punctata* et *Limnobia* sp.) provient de la fusion de toutes les cellules contenues dans la chambre ovarique (c'est-à-dire le germe de l'œuf et les cellules vitelliformatives) et que tous les noyaux de ces cellules disparaissent sans excepter les noyaux de l'œuf; d'après le même auteur, la chambre ovarique chez la *Sciara morio* ne contiendrait qu'une cellule, et l'œuf par conséquent est une formation unicellulaire. En outre Ganine ne considère pas l'œuf pour ainsi dire comme élément histologique, vu qu'il dit : « Dans la masse du vitellus de l'œuf mur, il ne reste aucun élément histologique, ni sous la forme de cellule, ni sous celle de noyau ». Une opinion diamétralement opposée est émise par Brandt, comme on le voit

---

[1] Ludwig, *Ueber die Eibildung im Thierreiche*, p. 136.
[2] A. Milne Edwards, *Leçons de Physiologie*, etc.
[3] Ganine, Histoire du développement de l'œuf chez les mouches (Nematocera) *(Bulletin de l'Académie impériale des sciences*, t. IX, append. n° 5, en russe).

dans le passage suivant : « dans la chambre terminale, chez certains insectes même sur une plus ou moins grande étendue du fil terminal, on aperçoit des éléments indifférents sphériques et clairs, entre lesquels on trouve une petite quantité de substance intermédiaire. Les uns de ces éléments par eux mêmes se transforment en épithélium, tandis que les autres, en s'enveloppant d'une couche de matière intermédiaire, se transforment en œufs et en éléments vitelliformatifs [1] ». De cette manière les idées de Brandt nous ramènent d'un côté vers les anciennes hypothèses histologiques relativement à l'origine des cellules, d'un autre, elles sont à un certain point originales, en admettant qu'un même élément, le noyau, peut se transformer en cellule entière (l'épithélium) ou en l'une de ses parties (l'œuf, la cellule vitelliformative).

Après avoir tracé un aperçu rapide des opinions sur la première formation de l'œuf, jetons un coup d'œil rétrospectif sur les diverses opinions relatives au sort et à la signification des cellules vitelliformatives et de l'épithélium. Les cellules vitelliformatives, comme l'élément histologique, ont été découvertes par Stein, quoique leur présence dans les chambres ovariques n'ait pas échappé à J. Muller [2] qui a donné à leur conglomérat dans chaque chambre le nom de *placentula*. Il est possible que ce soit la raison qui fasse considérer ces cellules de nos jours encore comme organe nutritif de l'œuf. Stein par le seul nom de *Dotterbildungszellen* [3] a bien défini leur fonction. Les auteurs postérieurs n'ont pas tous, comme on sait, été d'accord avec lui et se partagent en deux camps : les uns les considéraient comme formations spécifiques d'une fonction physiologique bien définie ; Huxley [4] les nomme masses glandulaires *(glandular bodies)*, les autres avec Meyer, les envisagent comme des œufs abortifs.

Voyons maintenant les preuves que les auteurs allèguent en faveur de leurs opinions. Nous en trouvons peu chez Stein ; nous apprenons seulement qu'on voit au centre de ces cellules un amas de petits grains complètement identiques avec ceux du vitellus (il faut sous-entendre ici

---

[1] *L. c.*, p. 79.

[2] Leidig, *l. c.*, p. 54.

[3] Ce terme de Stein n'a pas eu de succès dans la littérature allemande. Leidig l'a arbitrairement transformé en *Dotterzellen*, et Waldeyer, qui avoue ne pas avoir eu l'ouvrage de Stein en main, en attribue la primauté à Lubbock, quoique ce dernier affirme que le terme « vitelligenous cells was adapted independently, by Pr. Stein, Pr. Huxley and myself. » (On the Ova and Pseudova of Insects, *Philos. Trans. of the R. S. of L.*, 1859, p. 347).

[4] Huxley, Jh. H., On the Agamic Reproduction and Morphologie of Aphis *(Trans of. Lin. Soc.*, vol. XXII)

le noyau dégénéré de ces cellules) et que ces cellules, étant isolées par compression de leur chambre, avaient l'air de se dégénérer.

Huxley et Lubbock sont allés plus loin ; ils ont observé et retracé en dessins des canaux particuliers le long desquels la substance vitelline sécrétée par les cellules vitelliformatives, est transportée dans l'œuf. Néanmoins, ces auteurs ne nous éclairent pas sur le lien qui existe entre ces canaux vitellins, et les cellules vitelliformatives, comme le fait justement remarquer Balbiani[1].

Claus[2], se basant sur ses propres observations, considère les canaux vitellins décrits par Huxley et Lubbock, comme des cordes analogues à celles qui, chez les Nématodes, partent des œufs pour s'insérer aux rachis. D'un autre côté, Balbiani[3] qui a, comme on le sait, émis une théorie toute différente sur l'origine de l'œuf, affirme que chaque œuf provient d'une cellule centrale de la chambre supérieure, par voie de bourgeonnement, et que, par conséquent, les cordes que l'on y trouve ne sont ni plus ni moins que les pédicules des jeunes œufs ou bourgeons des cellules vitelliformatives, mais non des canaux vitellins.

Nous voyons donc que l'opinion qui soutient que les cellules vitelliformatives sont des organes spéciaux ou des glandes spéciales, ne peut pas être admise pour les insectes en général. Voyons maintenant ce que divers auteurs ont avancé sur le sort des cellules vitelliformatives chez les Lépidoptères.

H. Meyer[4] soutient que le contenu de ces cellules se dissout et se répand dans l'intérieur de l'œuf d'une manière tout à fait inconnue. Bessels[5] soutient que l'œuf des papillons qu'il avait observés se formerait par la fusion de la *cellule-mère* et des cellules vitelliformatives, mais ne serait pas une formation unicellulaire, comme le voudrait Meyer. Leidig ne dit rien de positif sur les cellules vitelliformatives chez les Lépidoptères ; il se tient dans la moyenne des deux théories annoncées : tout en appelant ces cellules *Keimzellen*, il leur attribue, comme Stein, une signification d'organe nutritif. Deux observations citées par Leidig auraient pu indirectement servir d'appui à cette manière de voir : 1° l'œuf du *Bombus terrestris* fait pousser un prolongement qui

---

[1] Balbiani, Mémoire sur la génération des Aphides *(An. sc. nat.,* 55. Zool., t. XIV).
[2] Claus, Beobachtungen über die Bildung des Insecteneies *(Z. f. w. Z.,* Bd. XIV).
[3] *L. c.*
[4] *L. c.*
[5] Studien über die Entwickelung der Sexualdrüsen bei den Lepidopteren *(Z. f. w. Z.,* Bd. XVII)

atteint les cellules vitelliformatives ; 2° chez le *Carabus cancellatus*, on voit la masse moléculaire (les grains du vitellus) qui entoure le noyau, se prolonger aussi sous forme de corde dans une direction centrifuge aux cellules vitellines. Waldeyer[1] rejette complètement l'idée des cellules vitelliformatives, comme éléments nutritifs de l'œuf. D'après lui, un groupe de ces cellules serait situé au-dessus de chaque chambre ovarique, et se détacherait bientôt tout à fait de l'œuf, à la suite de la formation d'une couche épithéliale continue autour de lui. Ludvig[2], prenant en considération, qu'à une certaine époque, l'agrandissement de l'œuf s'accompagne d'une diminution proportionnelle des cellules vitelliformatives situées au-dessus de lui, et ne trouvant pas d'observation qui prouverait la sécrétion du vitellus par les cellules sus-mentionnées, proposa de remplacer le terme *Dotterbildungszellen* par celui de *Einährzellen*. Un observateur récent des organes sexuels des insectes, Brandt[3], ne donne pas de détails particuliers sur ces éléments histologiques des Lépidoptères. Il est, en général, de l'avis, que les éléments du vitellus des susdites cellules s'accolent mécaniquement au corps de l'œuf et entrent avec celui-ci en connexion organique (p. 71).

Passons maintenant à l'épithélium. Leidig fait justement observer que c'est à Stein qu'appartient le mérite d'avoir le premier découvert cet élément histologique dans les tubes ovariques des insectes. Cet auteur, pourtant, ne considérait pas l'épithélium comme continu, et dit[4] qu'un épithélium continu ne recouvre que l'œuf seul ; tandis qu'à l'endroit où se trouvent les cellules vitelliformatives les cellules épithéliales sont éparses. Stein suppose que ces cellules éparses sont attirées par le noyau de l'œuf en l'entourant peu à peu d'une série de zones superposées. Les opinions des auteurs postérieurs diffèrent aussi sur ce point. Les uns, comme Huxley pour les Aphides[5], admettent l'existence d'un épithélium continu dans les tubes ovariques ; les autres le nient. Leidig ne décrit chez le *Carabus cancellatus* un épithélium, que dans les points où se trouvent les œufs, quoique ses dessins nous le démontrent tout le long du tube ovarique (*l. c.*, Taf. III, f. 12; les *Ovaires de la Musca domestica*) jusqu'au bout du fil terminal ; autour de l'œuf, c'est un épithélium

[1] *L. c.*
[2] *L. c.*
[3] *L. c.*
[4] *L. c.*, p. 56,
[5] *L. c.*

cylindrique, partout ailleurs il est plat. Weismann[1] ne nous représente l'épithélium comme couche continue qu'autour de l'œuf. Ludwig[2] reproduit sur ses dessins, ce que nous avait déjà représenté Gérold, c'est-à-dire l'œuf englobé dans une couche d'épithélium et au-dessus de lui les éléments vitelliformatifs, entourés seulement d'une membrane propre.

Brandt[3], enfin, exprime d'une manière générale, que l'épithélium qui se soude à la partie inférieure des tubes ovariques, est constitué à leur partie supérieure par des cellules désagrégées, formant çà et là des îlots. Quoique cet auteur avance que les cellules vitelliformatives de certains insectes soient entourées d'un épithélium continu, il ajoute toutefois : « L'épithélium dénote la tendance à s'arrêter dans son développement ou à s'atrophier autour des éléments vitelliformatifs » (*l. c.*, p. 66).

Stein, le premier qui a distingué l'épithélium dans la gaine ovarique, s'est expliqué aussi le premier sur sa fonction. D'après lui, les cellules de l'épithélium se soudent solidement et se transforment en chorion. L'auteur suppose que, avant cette transformation, les cellules peuvent contribuer directement ou indirectement à l'accroissement du vitellus[4]. Lubbock, qui soutient également que l'œuf[5] seul est enveloppé d'une couche épaisse d'épithélium, émet la supposition que les cellules épithéliales participent à la formation du vitellus et ensuite du chorion. Leuckart et Waldeyer croyaient également que les cellules épithéliales remplissaient un rôle dans la formation du vitellus. Ludwig admet la possibilité de la nutrition de l'œuf, par l'entremise de ces cellules, Brandt[6] a même défini le mode de cette nutrition.

OOGENÈSE CHEZ LE VER A SOIE DU MURIER. — Voyons maintenant ce que nous offre le *Bombyx mori* pour la décision des trois questions sus-mentionnées. Vu les conditions défectueuses de la technique d'autrefois, nous ne pouvons attendre de ceux qui nous ont précédé dans l'étude monographique du ver à soie, une réponse complètement satisfaisante.

Citons ici ce que nous apprend Cornalia, l'auteur le plus rapproché de notre époque. Voici ce qu'il dit : Les premiers rudiments de l'œuf (chez la larve) nous apparaissent sous forme de *vesicula germinativa*

---

[1] A. Weismann, Die nachembryonale Entwickelung des Musciden nach Beobachtungen an *Musca vomitoria* u. *Sarcophaga carnaria* (Z. f. w. Z., Bd. XIV).

[2] *L. c.*

[3] *L. c.*, p. 57.

[4] *L. c.*, p. 347.

[5] *Ueber die Eiröhren des Blatta (Periplaneta) orientalis.*

m unis d'un nucléole et représentant une espèce de cellule (le nucléole représente le noyau de cette cellule) douée, dès le premier moment de son existence, d'une force vitale particulière, lui donnant la faculté de traverser tous les degrés de la métamorphose que l'œuf subit en effet. Les vésicules germinatives occupent le centre de la gaine ovarique et luisent à travers la *sostanza granulosa*, qui remplit à elle seule le cul-de-sac de la gaine. Les vésicules germinatives alternent **avec des** éléments particuliers auxquels Cornalia donne le nom de **cellules vitellines** et qu'il caractérise comme de grosses cellules elliptiques n'ayant qu'une existence passagère.

Ainsi que la vésicule germinative avec sa zone ambiante *(aureola vitellina)*, les cellules vitellines s'enveloppent d'une substance granulaire spéciale, que l'auteur désigne sous le nom de *limbus*. Quoique Cornalia ne se prononce pas directement là-dessus, nous pensons que cette granuleuse présente aussi, à son avis, le prolongement de cette *sostanza granulosa* qui entoure les jeunes vésicules germinatives et qui se compose, dit-il, de cellules munies de noyaux. De cette façon, Cornalia a reconnu tous les éléments qui forment la chambre ovarique, mais il n'a pas recherché leur sort. Les cellules vitellines, au sujet desquelles il affirme, du reste sans donner de preuve, qu'elles sont « *destinate... a convertirsi tutte quante in vitello analogo alla aureola vitellina* », la *visicola germinativa*, la *aureola vitellina* et le *limbus*, ne sont, dit notre auteur, que les parties qui composent l'œuf et qui forment un ensemble organisé, après avoir reçu une enveloppe commune. Mais nous le répétons, Cornalia ignore le mode dont le tout s'opère. Nous n'apprenons rien sur la genèse de l'œuf par la description des organes sexuels chez la chrysalide et l'insecte développé.

Passons maintenant à nos propres observations. Le papillon du ver à soie, comme on le sait, est du nombre des insectes dont la vie est de fort courte durée et qui, relativement à ses produits sexuels, représente, à sa transformation de chrysalide en *imago*, un être complètement achevé; de nouveaux œufs ne se procréent plus durant sa vie sexuelle. En effet, à quelque période de l'existence du papillon du ver à soie que nous ayons observé son ovaire: avant la fécondation du papillon, pendant son accouplement, à l'époque de la ponte des œufs, ou après celle-ci, nous trouvons l'extrémité de la gaine ovarique toujours dans le même état, c'est-à-dire en voie de dégénération. Les bouts supérieurs de chaque tube ovarique s'entrelacent de plus en plus à mesure qu'il gagne la partie supérieure, et se terminent enfin au sommet par un peloton assez difficile à débrouiller, sans endommager les gaines mêmes. En analysant cette partie des gaines ovariques vivantes, nous y trouvons une série de chambres, ne renfermant que les restes des éléments histologiques qui constituent les parties indispensables des chambres ovariques normales. A première vue, nous apercevons à l'intérieur de la chambre, ou simplement des amas de granulations graisseuses, ou dans telle autre chambre, le contour de cellules vitelliformatives, munies souvent d'un noyau. Du reste, cela est rare. L'élément constant de ces chambres dégénérées forme les noyaux avec des restes de protoplasme, que nous trouvons immédiatement sous l'enveloppe péritonéale du tube. Il est facile de se convaincre que les noyaux, avec leur protoplasme étoilé, représentent les derniers restes de l'épithélium qui revêt d'une couche épaisse les parois des chambres normales chez la chrysalide.

Ces restes de l'épithélium correspondent évidemment à la matrice de la membrane propre de la gaine ovarique décrite par Leidig. Il est facile de se convaincre que nous avons à faire ici avec les restes de l'épithélium, car ce dernier s'est conservé intact dans les intervalles des chambres ; on peut, en comparant, remarquer entre autres l'identité des noyaux de ces cellules avec les noyaux que nous venons de citer (la grandeur des noyaux est de $0^{mm},008$).

De cette façon, nous devons considérer toute la section de la gaine ovarique du papillon du ver à soie, au-dessus de l'endroit où se trouvent les deux ou trois chambres avec des œufs presque mûrs, sinon comme une partie en voie de dégénérescence, en tout cas, comme une partie inactive ; c'est pourquoi toute comparaison avec des sections semblables des ovaires chez les insectes, où elles sont plus ou moins longtemps actives, n'a aucune valeur.

J'ai considéré, comme de la plus haute importance, une analyse minutieuse du contenu du cul-de-sac de la gaine ovarique chez la chrysalide ; je supposais, pour les motifs sus-mentionnés et d'après sa signification physiologique, que cette partie de l'ovaire du *Bombyx mori* correspondait au cul-de-sac des tubes ovariques de l'*imago* des autres insectes.

L'histoire de la question nous apprend que les auteurs qui ont étudié cette partie de la gaine ovarique des insectes vivants, sont parvenus à des résultats tout opposés. Un simple examen au microscope, de la gaine ovarique vivante, m'a convaincu que le cul-de-sac — comme il a été dit plus haut — est rempli de cellules isolées, mais notre œil n'est pas tou—

jours susceptible d'en saisir les limites. Ne me bornant pas, chez l'insecte vivant, à une simple inspection desdites cellules, et désirant en connaître de plus près le caractère, je procédais de la manière suivante : je plaçais une goutte de sang prise d'une chrysalide fraîchement tuée sur un porte-objet ; j'introduisais dans cette goutte la gaine ovarique à examiner dont j'enlevais, sous la loupe, l'enveloppe péritonéale [1]. Il suffit d'une légère pression pour faire crever le cul-de-sac de la gaine, et le contenu s'en échappe. Il est difficile de distinguer dans le premier moment les cellules isolées (système 7 ou 8 de Hartnack), mais, dès que l'œil s'habitue à s'orienter, les contours des cellules se dessinent de plus en plus nettement. On aperçoit aussi dans l'intérieur des cellules un noyau muni d'un nucléole sous la forme d'un point à l'agrandissement sus-mentionné. En contemplant ces cellules, on comprend pourquoi on en discerne difficilement les limites dans une gaine ovarique non endommagée, et même dans le contenu écoulé au commencement de l'observation. Le fait est que le plasme de ces cellules, comme on le voit dans la figure 1, A,

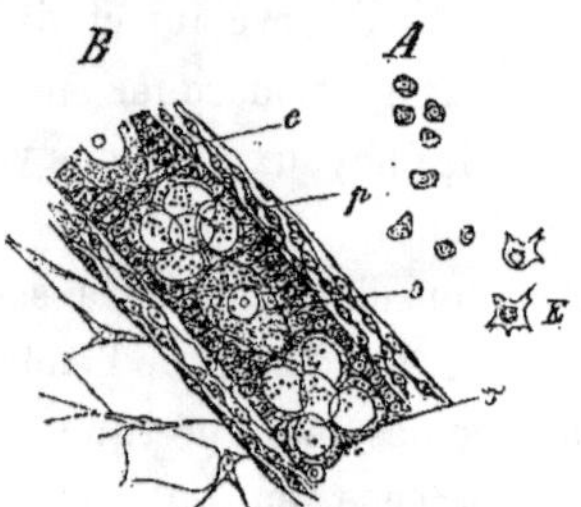

Fig. 1. — Partie du compartiment supérieur du tube ovarique de la chrysalide. A, cellules isolées du cæcum du tube ; E, corpuscules du sang.

est rempli de grains, relativement gros et fortement réfringents. Ces grains rendent le contour des cellules très irrégulier, tant que celles-ci ne sont pas suffisamment aplaties sur le verre. Le diamètre des cellules décrites est de $0^{mm},008$. Les contours s'étant nettement dessinés, il est aisé de se convaincre, quelque temps après, qu'ils n'ont pas gardé leur forme primitive : les cellules manifestent un mouvement amiboïde faible, mais évident. Ce fait, je suppose, confirme complètement l'existence indépendante des cellules [2]. Ceux qui, à la vérité, admettent la présence

---

[1] Cette opération doit s'effectuer aussi rapidement que possible, parce que le sang, n'étant pas protégé par un verre, se rembrunit vite.

[2] Graber a observé la même chose chez le *Mololontha vulgaris*, *Die Insecten*, 2 Th., p. 374.

de noyaux libres et d'une substance intermédiaire dans le cul-de-sac de
la gaine ovarique, pourraient alléguer que, d'après mon mode d'examen,
à la suite d'une pression, légère à la vérité, mais réelle, la substance
qui remplit les interstices entre les noyaux (c'est-à-dire le plasme non
différencié) pouvait se dissocier, et ses parties isolées se contracter, ce
que je considère comme un mouvement amiboïde; mais d'où vient alors
le noyau au centre de chaque section? Une autre objection qu'on pourrait me faire, c'est que Brandt décrit, à cet endroit, des « plastides
errantes », et que, par conséquent, j'ai pu trouver quelques cellules
exerçant un mouvement amiboïde. Voici ma réponse : tout le contenu
du cul-de-sac du tube ovarique se désagrège en cellules sus-mentionnées et manifestant un mouvement amiboïde. Disons, pour conclure,
qu'il est presque impossible de voir dans ces plastides errantes de
Brandt autre chose que des globules de sang ; ces dernières, chez notre
insecte, se distinguent extérieurement de ceux que nous venons de définir.
La figure 1, E, représente les globules de sang de la chrysalide.

Nous allons voir que les coupes des parties correspondantes du tube
ovarique ont confirmé complètement l'opinion ici défendue, savoir : que
la partie terminale de la gaine ovarique est composée de cellules isolées.
Mais avant de passer à la description de ces coupes, arrêtons-nous un
moment aux opinions de Leidig et de Waldeyer relatives à ce sujet.
Ce dernier, comme on sait, trouve dans le cul-de-sac du tube ovarique
de *Vanessæ urticæ* du plasme non différencié, muni de noyaux, qu'il
considère comme les premiers germes de l'œuf. Leidig, au contraire,
aperçoit chez les insectes qu'il a examinés les premiers rudiments de
l'œuf, sous la forme de grosses cellules, remplissant les fils terminaux.
Étrange diversité d'opinions, même en admettant que les insectes observés
pouvaient ne pas être les mêmes. Pour trouver n'importe quelle explication à ce qui précède, j'eus recours à l'examen vérificatif des gaines
ovariques de *Vanessæ urticæ*. L'observation microscopique m'a démontré
que le contenu du cul-de-sac de leur tube ovarique est le même que
chez le *Bombyx mori*. A mon regret, je n'ai pas réussi dans l'examen
du contenu mis en liberté, parce que l'enveloppe péritonéale est, relativement, très épaisse à cet endroit. Néanmoins j'ose affirmer, contrairement à Waldeyer, qu'avec un peu de patience on peut de même se
convaincre de l'existence de cellules bien limitées. Du reste, je ne
doutais plus de ce fait depuis mon examen du *Bombyx mori*. Une autre
question m'intéressait : ne pourrait-on obtenir du schéma de Waldeyer

ce que Leidig avait décrit des autres insectes ? Il se trouve que cela était possible et bien facile : il suffit de plonger dans l'eau pour deux ou trois minutes la gaine ovarique de *V. urticæ*. L'action de l'eau commence aussitôt à se manifester ; les noyaux s'imbibent fortement et dilatent le plasme dont le volume reste invariable, à la suite de quoi les limites des cellules deviennent nettement visibles ; là-dessus le gonflement des noyaux atteint un degré qui leur fait complètement changer d'aspect ; ils augmentent dix à douze fois de volume, comme j'ai pu le constater par un mesurage exact ; le plasme qui les enveloppe devient à peine visible, et l'impression générale rappelle absolument la description de Leidig : tout le cul-de-sac de la gaine ovarique semble rempli de grosses cellules claires, avec des noyaux, mais ce ne sont que des noyaux gonflés avec leurs nucléoles. Leidig n'indique pas le procédé qu'il avait employé. Disons seulement que Brandt qui avait examiné les ovaires des mêmes insectes *(Carabus cancellatus)*, mais en employant du sang et de l'albumen, ne pouvait découvrir de cellules claires dans les fils terminaux.

Quant à ce qui concerne l'importance des cellules qui occupent le cul-de-sac de la gaine ovarique du ver à soie, d'accord avec les auteurs les plus récents, nous devons y voir les germes des trois éléments histologiques des tubes ovariques : celui des œufs, des cellules vitelliformatives et de l'épithélium.

Les coupes, d'ailleurs, nous le confirment d'une façon indubitable. J'ai pratiqué ces coupes sur des ovaires de chrysalides aussi bien que sur ceux des larves mûres. Le tableau que nous offrent les coupes des unes et des autres est identique ; mais celles des ovaires de larves mûres ont fourni des résultats plus instructifs : ici, les coupes pouvaient être faites tout le long de l'ovaire et le développement pouvait être suivi plus complètement que chez la chrysalide.

La *figure 2, planche I,* nous représente une de ces coupes ; la figure 2 du tex¹e nous renseigne sur la disposition du contenu du cul-de-sac ovarique chez la larve. Ce dessin nous offre, dans leur coupe longitudinale, deux gaines ovariques, dont on n'aperçoit que le cul-de-sac[1]. Le stade de développement est ici encore relativement si récent que la membrane propre *(mp)* ne s'est pas encore fermée à sa partie supérieure et les cellules des tubes de l'enveloppe péritonéale passent directement dans

---

[1] L'ovaire a été durci dans le liquide de Kleinenberg.

celles du contenu. Sur cette dernière figure nous voyons distinctement la limite de la membrane propre de la gaine désignée par le chiffre 2. Plus loin, nous voyons qu'à l'extrémité supérieure de la gaine, où l'épithélium n'existe pas encore, toutes les cellules sont identiques. Plus bas, où l'épithélium est déjà formé, se trouvent de plus grosses cellules, grossissant de plus en plus à mesure qu'elles descendent.

Il est curieux de remarquer que sur les coupes du cul-de-sac de la gaine ovarique j'ai toujours trouvé une couche de cellules (fig. 2, *s)*, quelquefois fortement développée, comme dans le cas actuel, d'autres fois ne représentant que quelques cellules. Les corps cellulaires de cette couche sont plus transparents et le noyau est plus petit que dans les autres. Malheureusement il m'est impossible de m'exprimer sur la signification de cette couche intermédiaire; je ne crois pas cependant, comme je l'ai déjà mentionné plus haut, qu'elle ait une grande importance, car le nombre de ces éléments est différent dans des gaines différentes.

Tout ce qui se trouve en dedans de l'épithélium dans la gaine représente le germe des cellules vitelliformatives et des œufs. Il est aisé de s'en convaincre en examinant la coupe longitudinale des tubes ovariques; d'ailleurs la plupart des

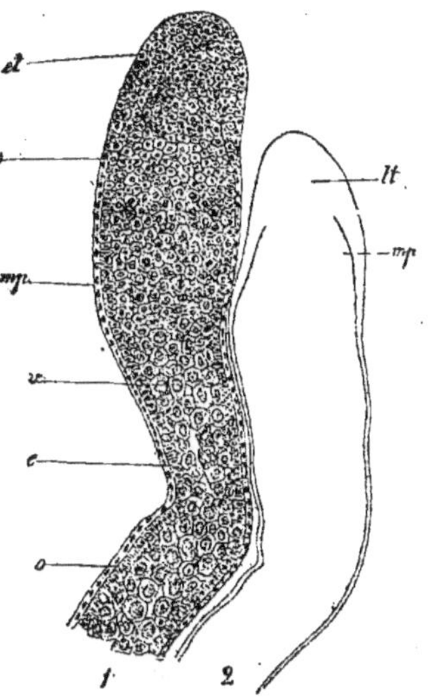

Fig. 2. — Coupe longitudinale de deux tubes ovariques d'une larve adulte.
o, Ovule, *v*, cellule vitelliformative; — *m*, *p*. membrane propre; — *s*, couches des cellules plus claires, *et*, ligament suspensoir du tube.

auteurs sont d'accord sur ce point. Il est impossible d'établir, à l'extrémité des gaines, une distinction quelconque entre les germes des œufs et des cellules vitelliformatives, soit par un examen de l'insecte vivant, soit par le procédé des coupes. Un peu au-dessous (fig. 2) la différence commence à se manifester par la disparition complète des nucléoles de certaines cellules, tandis que les nucléoles dans d'autres deviennent de plus en plus évidentes. A juger d'après ce que nous allons voir à la description des chambres ovariques, il faut considérer les premières cellules comme les germes des œufs, les secondes comme ceux des cellules vitelliformatives. Il est intéressant de mentionner que, parmi les cellules ordinaires de l'épithélium sur la figure 2, on peut en distinguer d'autres qui rappellent par leur aspect de jeunes cellules vitelliformatives. Néanmoins cela ne nous donne pas encore le droit d'affirmer que les cellules vitelliformatives dérivent de l'épithélium. Mes préparations, comme je l'ai dit, confirment une fois de plus que les trois genres d'éléments histologiques des gaines ovariques tirent leur origine générale des cellules indifférentes décrites plus haut. Il n'y a rien d'étonnant à ce que certaines cellules épithéliales soient soumises à une métamorphose particulière aux cellules vitelliformatives : il ne s'agit que de se rappeler les cas des insectes où ces cellules dans les tubes ovariques font défaut, et où la nutrition de l'œuf s'opère par l'épithélium.

Il existe chez la larve mûre aussi bien que chez la chrysalide, comme il a été mentionné, entre le cul-de-sac de la gaine et les chambres ovariques, un espace non partagé en chambres (fig. 2), au milieu duquel on trouve les œufs et les cellules vitelliformatives disposées sans ordre. Il est clair que, sous ce point de vue morphologique, cette partie du tube ovarique ne nous offre qu'un intérêt secondaire, c'est pourquoi je passe directement à la description des chambres ovariques, en commençant par celles où tous les éléments ont déjà la situation qu'ils gardent jusqu'à la parfaite maturité de l'œuf.

La figure 3, B, nous représente une partie de la gaine ovarique vivante avec des chambres toutes jeunes dont les limites ne sont pas encore visibles. Ici on peut déjà très bien distinguer l'œuf se présentant sous la forme d'une cellule allongée offrant dans son diamètre transversal $0^{mm},048$ avec un noyau d'un diamètre de $0^{mm},032$. Au-dessus de cet œuf on aperçoit des cellules vitelliformatives, au nombre de 5 (il y en a quelquefois 6–7). Ces cellules sont enveloppées ainsi que l'œuf, d'une couche d'épithélium, dont les cellules présentent déjà maintenant une forme différente, plus basses autour des cellules vitelliformatives, plus hautes autour de l'œuf.

Quant à ce qui concerne les particularités de la structure, disons qu'au stade que nous décrivons tous les éléments sont munis d'un noyau ; dans les éléments vitelliformatifs, le noyau est grand, transparent et n'a pas de nucléole ; tandis que dans l'œuf et dans les cellules de l'épithélium, le nucléole existe. Le protoplasme de tous les éléments histologiques, à l'état vivant et dans ses rapports avec les réactifs, ne paraît pas présenter de différence et contient, à cette période, des granulations vitellines. L'œuf en contient un nombre considérable ; comme le montre la figure, ces granulations enveloppent le noyau en guise de capuchon ;

les cellules vitelliformatives contiennent bien moins de ces granulations, et il y en a fort peu dans les cellules épithéliales.

En examinant la coupe d'une chambre un peu plus mûre (fig. 4, à droite), nous pouvons encore mieux nous orienter sur la disposition des éléments et nous convaincre qu'il n'y a encore aucune séparation entre la partie inférieure de la chambre où se trouve l'œuf, et la supérieure, quoique la différence de la forme sus-mentionnée de l'épithélium soit déjà plus marquée. Au fur et à mesure que les chambres se déve-

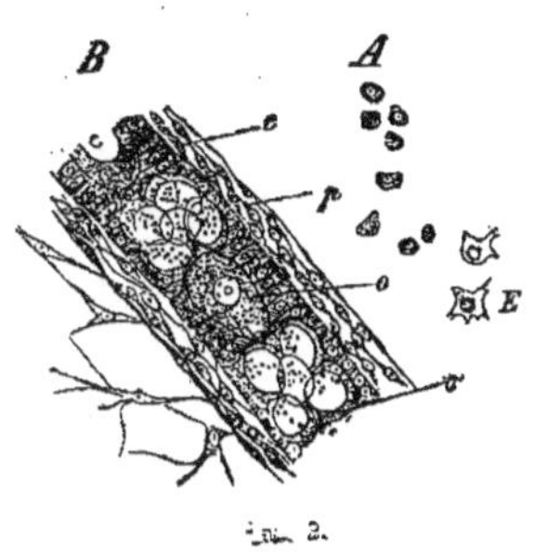

Fig. 3.

1 B, Partie du tube ovarique; — o, œuf, v, cellule vitelliformative.

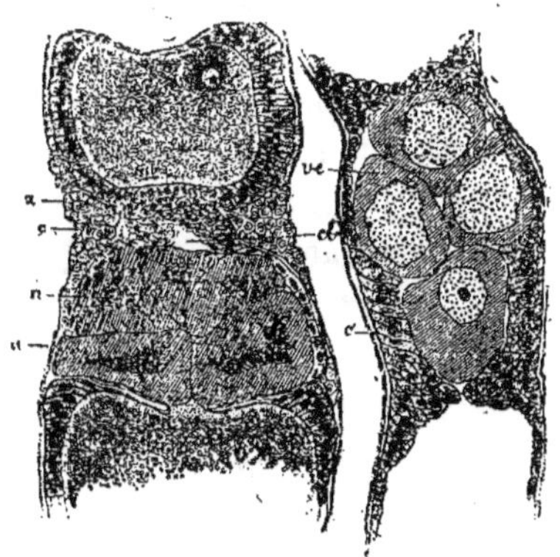

Fig. 4.

Coupe longitudinale de deux tubes ovariques, ve, cellules vitelliformatives; — a, u, tégument péritonéal; — c, cellules qui donnent l'origine aux éléments musculaires, n, noyau de la cellule vitelliformative; — cl, cavité du joint des deux chambres ovigères.

loppent, elles grandissent comme de raison jusqu'à une certaine limite; en même temps les interstices entre les chambres deviennent aussi plus larges. Si nous retirons de son enveloppe péritonéale le tube ovarique, nous remarquons qu'en haut les chambres se suivent sans interruption, tandis que vers le bas elles ne se suivent pas, mais alternent avec des tiges qui les réunissent en forme de chapelets. A mesure que les chambres se délimitent de plus en plus, la division de chaque chambre en deux compartiments devient aussi plus marquée : un pli de l'épithélium s'implante peu à peu entre elles (fig. 4 du texte et *pl. I, fig. 1)*. D'après mes observations il faut reporter l'apparition de ce pli au moment où commence à diminuer la masse des cellules vitelliformatives (comme conséquence de cette diminution). Cette diminution se fait graduellement jusqu'à complète disparition, ce qui arrive chez le *Bombyx mori* quand l'œuf a atteint sa grandeur naturelle. De cette façon, à mesure que l'œuf se développe, un élément des chambres, les cellules vitelliformatives, disparaît. Le même sort atteint l'autre élément, l'épithélium, quoique un peu plus tard.

Passons maintenant à l'appréciation de la fonction des cellules vitelliformatives et de l'épithélium, pendant la croissance de l'œuf du *Bombyx mori*, et commençons par les premières. Avons-nous le droit de les prendre ici pour des glandes, qui sécrètent le vitellus comme le pense Huxley, ou bien des glandes qui secrètent le deutoplasme de van Beneden? Nous ne pouvons pas absolument répondre affirmativement à cette question. Si nous considérons comme vitellus ou deutoplasme les granulations de la substance fortement réfringente qui apparaissent très tôt dans l'œuf, d'abord dans sa partie supérieure et puis le remplissent entièrement, il n'y aurait qu'un fait qui parlerait en faveur du rôle actif des cellules dites vitelliformatives ; précisément le fait que ces granulations n'apparaissent d'abord que dans la partie supérieure de l'œuf, c'est-à-dire dans celle qui touche aux cellules. Je n'ai pas fait une seule observation qui me donne la possibilité même d'admettre le passage de ces granulations des cellules vitelliformatives dans l'œuf. Il est remarquable sous ce rapport qu'à l'époque où le vitellus s'accumule sensiblement dans l'œuf, la quantité relative des granulations vitellines dans les cellules vitelliformatives se diminue, leur plasme devient de plus en plus transparent et les cellules elles-mêmes augmentent de volume. Quand ces cellules ont atteint leur grandeur naturelle, leur contenu est parfaitement homogène et c'est seulement depuis ce moment que j'ai réussi à me convaincre, à l'aide du microscope, de ce que les cellules participent à l'alimentation de l'œuf non dans le sens que l'entendent Huxley et v. Beneden, mais bien dans le sens que lui donne Ludwig : c'est-à-dire, que le contenu de ces cellules ne sécrète aucune substance particulière (deutoplasme) mais s'absorbe graduellement par l'œuf. Pour prouver ce que j'avance, je m'en rapporterai à la *figure 1, planche I*. Elle représente dans sa coupe longitudinale la dernière chambre du tube ovarique de la chrysalide. L'œuf est déjà rempli de globules vitellins (deutoplasme) qui ont remplacé les petites granulations vitellines. Les cellules vitelliformatives (*v. c.*) présentent un contenu tout à fait homogène qui pénètre dans l'œuf en forme de courant rouge (la préparation d'après laquelle a été fait le dessin, avait été teintée au picrocarminate d'ammoniaque). De sorte que je vois démontré par le fait, que le contenu des cellules vitelliformatives sert en entier à l'alimentation de l'œuf. Quel rôle remplit à cet effet leur noyau? C'est ce que je n'ai pas réussi à éclaircir.

Il a été dit plus haut que ce contenu se remplit très vite de granulations; son enveloppe se conserve jusqu'à la fin, mais néanmoins le noyau se rétrécit de plus en plus, à mesure que la cellule diminue. Le contenu du noyau devient évidemment plus liquide et voilà pourquoi, dans la préparation, le noyau présente une surface ridée, comme on le voit sur la figure 4 du texte et la *figure 1, planche I*. Que les noyaux des cellules vitelliformatives ne passent point dans l'œuf, c'est ce qui m'est prouvé par le fait que j'ai pu les distinguer dans les chambres mêmes à l'époque où le compartiment inférieur des chambres se séparait entièrement du supérieur et où l'œuf était couvert de chorion. Quant au sort définitif des cellules vitelliformatives, elles, ou plutôt leurs restes, subissent la dégénérescence graisseuse en même temps que l'épithélium qui les entoure.

Finalement je crois de mon devoir de dire quelques mots des opinions de Bessels et Waldeyer sur la signification des cellules vitelliformatives chez les Lépidoptéres. Le premier, comme on le sait, soutient que, pour la formation de l'œuf, l'ovule et 4 cellules vitelliformatives se soudent ensemble. Je me permets de douter absolument de l'exactitude des observations de Bessels, parce que ses dessins représentant le développement de l'œuf ne ressemblent nullement aux dessins de Hérold (très bien exécutés comme on le sait), de H. Meyer, Waldeyer et aux miens qui, dans les traits principaux sont identiques. En outre nous ne voyons pas chez Bessels de différence entre les deux compartiments de la chambre. Quant à Waldeyer, sa négation absolue de la valeur nutritive des cellules vitelliformatives n'est fondée que sur l'observation erronée que l'œuf, dès le début, est séparé des cellules vitelliformatives par une paroi d'épithélium. Autant que je puis en juger par mes propres observations sur la *Vanessa urticæ*, examinée par Waldeyer, le sort des cellules vitelliformatives est ici absolument le même que chez le *Bombyx mori*.

Il reste encore à parler de ce qui advient de l'épithélium du tube ovarique; mais d'abord je ne puis m'empêcher de toucher ici à une importante question morphologique, nommément de la limite entre deux parties de chaque gaine ovarique, la supérieure qui a la signification d'un ovaire et l'inférieure celle d'un oviducte. L'un et l'autre sont inté-rieurement couverts d'épithélium. L'épithélium de l'un n'est que la continuation de l'épithélium de l'autre; mais le sort de ces épithéliums est différent.

Depuis longtemps les opinions des zoologues sur la signification des tubes ovariques chez les insectes sont partagées. Selon les uns, ils jouent le rôle d'ovaire presque dans toute leur longueur; selon les autres, ce que soutient par exemple Gegenbaur dans son traité de l'*Anatomie comparée*, nous ne pouvons attribuer la signification d'ovaire qu'au cul-de-sac du tube. Tout le reste de la gaine doit être, selon lui, regardé comme oviducte [1].

La première de ces opinions, mentionnée plus haut, a été développée, comme on le sait, par J. Müller, qui pensait que le tube ovarique même se réunit par son bout supérieur au vaisseau dorsal, tandis que le bout inférieur est suspendu librement dans la cavité de l'autre tube *(Trompete)*; à la ponte de chaque œuf toute la partie qui entoure cet œuf se détache de la gaine. Cette opinion soutenue par Hérold et Strauss-Durkheim, a été modifiée par Stein de manière à nier l'existence du bout inférieur libre du tube ovarique proprement dit; il prétend que ce tube forme la prolongation de l'enveloppe intérieure de tous les organes sexuels en général. Cette modification à première vue insignifiante, mais tout à fait erronée, du moins quant aux Lépidoptères, a cependant une énorme importance morphologique, parce que la susdite différence établie par Müller entre les parties supérieures et inférieures de la gaine ovarique est niée par Stein. De là surgit inévitablement la question : où se trouve la limite entre ces parties ? Leidig s'arrête plusieurs fois sur cette question, et a été près de la résoudre par rapport aux Lépidoptères. Il a trouvé chez le *Harpyia vinula* une soupape annulaire qui sépare le tiers supérieur du tube ovarique du reste de la gaine [2]. Au-dessus de cette soupape Leidig a toujours trouvé une matière jaune qu'il regarde comme un produit de l'épithélium métamorphosé. Leidig n'a point examiné la structure des parois de la gaine ovarique au-dessus et au-dessous de cette tache jaune, et voilà pourquoi il n'a pu à son tour indiquer la juste limite entre les deux parties susmentionnées du tube ovarique, laissant à l'avenir d'en décider. Nathusius [3] répète l'opinion émise par Durkheim, que la *membrana propria* de chaque chambre devient le chorion de l'œuf (chez les Lépidoptères) et de cette façon nous renvoie, quoiqu'indirectement, à l'opinion de Müller. Ludwig, dans l'ouvrage sus-mentionné prouve et représente en image que déjà chez la larve des Lépidoptères il se forme en même temps que les tubes ovariques des oviductes distincts, qui font

---

[1] C. Gegenbaur : *Grundriss d. vergl. Anatomie*, 1878, p. 319.

[2] Cette observation coïncide, comme il me semble, avec ce que Cornalia dit à ce propos par rapport au *Bombyx mori*; évidemment Leidig n'avait pas connaissance de ce travail.

[3] Nathusius, v. W. Ueber die Schale, etc. *(Z. f. w. Z.*, Bd. XXI.)

néanmoins la continuation immédiate des premiers. De cette façon chaque tube ovarique est composé d'une partie plus grande, qui a la signification d'un ovaire, et d'une plus petite qui représente l'oviducte, différents l'un de l'autre dès les premiers stades de leur développement, quoique l'auteur ne dise pas si cette différence se conserve dans l'avenir, et par quel indice anatomique elle s'exprime quand l'insecte est arrivé à sa maturité. Quant à la sortie de l'œuf mûr, Ludwig affirme qu'elle a lieu selon l'indication de Müller, c'est-à-dire, que l'œuf ne glisse pas le long de la gaine (comme le prétendent, selon lui, Gegenbaur et Leidig), mais se détache de la partie supérieure de la gaine avec tous les éléments (épithéliaux) qui l'entourent. Remarquons cependant que les faits qu'il cite en faveur de son opinion sont insuffisants et ne se résument qu'à démontrer qu'il a réussi à voir déjà chez la larve le premier germe de la partie inférieure (oviducte) des tubes ovariques séparés, creux à l'intérieur et recouverts d'épithélium. Il faut cependant remarquer que déjà Hérold nous a indiqué l'existence d'une limite entre les deux parties de la gaine ovarique chez la larve et nous a marqué cette limite par la lettre *f* dans la figure IX T. I[1]. Brandt, en citant un grand nombre d'auteurs (Kornélius, Leuckart, Ganine, Siebold, Nathusius) qui soutiennent tous qu'une partie de la gaine ovarique se détache à la sortie de chaque œuf, ne penche lui-même ni vers une opinion ni vers l'autre, vu la difficulté technique de l'observation[2].

Cornalia, en décrivant les ovaires du papillon adulte du ver à soie, démontre qu'à un certain endroit, sur chaque gaine ovarique, il se trouve un renflement qui est indiquée par la lettre *M* sur la figure 245 de sa monographie célèbre. L'auteur dit en outre que, quoique ce renflement ait été découvert par lui, cependant sa signification a été expliquée par le docteur Angelo Maestri, de Pavie, et que cette importance consiste en ce que tout ce qui se trouve au-dessus de ce renflement doit être regardé comme ovaire *(deve se retinere come l'ovario)* et la partie du tube située plus bas, comme oviducte. Plus tard, comme le pense l'auteur, l'ouverture du renflement se rétrécit et ne laisse plus passer les plus jeunes œufs. Si cela n'était pas, dit Cornalia, les jeunes œufs *(germi) maturerebbero e giungerebbero al luogo della fecondazione e della deposizione quando la farfalla è gia decrepita o moribonda*[3]. C'est

---

[1] *De generatione insectorum in ovo.*

[2] *L. c.,* p. 64.

[3] *L. c.,* p. 220.

ainsi que Cornalia et Maestri donnent une explication téléologique au renflement mentionné. Ayant la faculté de se rétrécir à l'époque voulue, il
retient le passage des œufs le long de la gaine, supposé par ces auteurs,
et ne permet pas à la nature de mûrir en pure perte des œufs que le
papillon n'aura plus le temps de pondre. Cette explication n'est cependant
point juste quant au fait : comme nous le verrons tout à l'heure, pas un
œuf, qui n'est point arrivé à sa maturité, ne passe par le renflement
mentionné ; ils mûrissent tous avant d'avoir le temps d'arriver à cet
endroit.

Ce qui regarde la signification anatomique de ce renflement a été
parfaitement compris par Cornalia et Maestri. C'est ici justement que se
trouve la limite entre les parties supérieures (ovaires) et inférieures
(oviductes). Nous pouvons nous en convaincre en suivant le cours du
développement des organes sexuels femelles du ver à soie. Chez la
chrysalide, comme le fait à bon droit remarquer Hérold (pour le *Bombyx* et *Pieris)* Cornalia (pour le *Bombyx mori)* et Ludwig (pour le
Zerene) le canal excréteur commun de l'ovaire, quoique présentant
un funicule compacte, en entrant dans l'ovaire même se divise en 4 oviductes creux embryonaux, qui forment la continuation immédiate des
gaines ovariques qui sont déjà différenciées à l'intérieur de l'ovaire. Chez
la chrysalide, quand les oviductes ont déjà quitté l'enveloppe commune
de l'ovaire, leur bout supérieur présente une dilatation infundibuliforme
qui se réunit au tube ovarique proprement dit : ici où une portion du
tube forme de cette manière la suite de l'autre, il y a déjà chez la chrysalide une limite très marquée entre elles, qui se manifeste en ce que la
membrana propria de la gaine ovarique proprement dite (c'est-à-dire
de sa portion ovarique) se termine d'une manière abrupte et présente un
contour annulaire qui est déjà visible à des grossissements moyens [1]. A
mesure que la chrysalide se développe, les oviductes continuent naturellement à grandir et forment chez le papillon adulte (non compté le
peloton formé par les bouts des tubes ovariques) un tiers de tout le tube
ovarique, tant qu'il est dilaté par les œufs qui s'y trouvent, et la moitié
quand celui-ci s'est sensiblement rétréci par suite de la ponte. En examinant les gaines ovariques du papillon qui a cessé de pondre, nous
voyons très clairement sur chacune d'elles, à la distance indiquée, un

---

[1] C'est cet anneau que Hérold a marqué par la lettre *h* sur la fig. IX, t. I (pour le
Bombyx rubi).

petit nœud jaunâtre. En déchirant au moyen d'aiguilles la gaine en long (en employant par précaution du sang de larve et non de l'eau) nous remarquons, après la sortie de son contenu (une matière granuleuse jaune) que sa paroi n'est recouverte d'épithélium que jusqu'à l'endroit où se trouvait le nœud mentionné. En analysant cet épithélium, nous nous convainquons aussitôt que, par sa forme, il se distingue sensiblement de l'épithélium d'une chambre ovarique mûre. Cette différence est représentée par la figure 5 où se trouvent, sous la lettre B, les cellules du premier, et sous la lettre C, celles de la chambre mûre. L'épithélium de

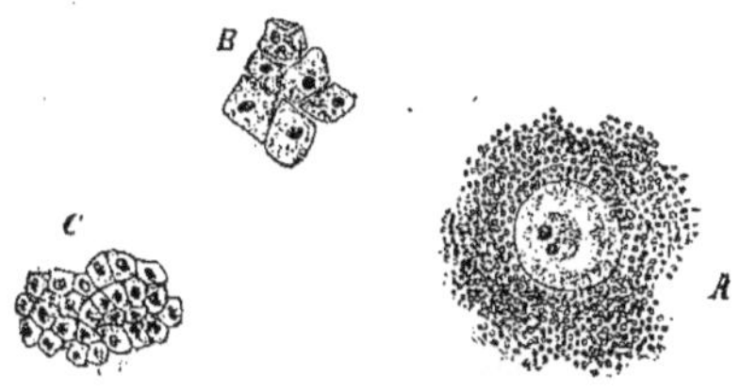

Fɪɢ. 5.

A, noyau de la cellule œuf; C, épithélium de la chambre ovigère; — B, épithélium de la partie du tube ovarique servant d'oviducte.

la partie inférieure de la gaine ovarique, comme il fallait s'y attendre, se trouve être un élément permanent, et les œufs traversent les cavités qu'ils protègent, comme les productions de chaque glande traversent leur conduit et comme les spermatozoïdes d'un mâle passent sous l'épithélium des *vasa deferentia*. L'épithélium de sa partie ovarique, au contraire, est une formation éphémère, sa destruction coïncide avec la destruction de la *membrana propria*.

Ayant à cet effet, analysé spécialement un grand nombre de chrysalides et de papillons, je suis arrivé incontestablement au schéma suivant d'oogenèse du *Bombyx mori* : chaque œuf se développe là où il a pris son origine ; d'aucune façon l'œuf ne pénètre d'une chambre dans une autre ; à l'époque où l'œuf passe dans la partie inférieure de la gaine (l'oviducte), toutes les autres parties des chambres sont ou déjà complètement détruites (comme nous le savons relativement aux cellules vitelliformatives) ou sont près de leur destruction. En ce qui concerne la *membrana propria*, sa destruction s'opère tout à fait graduellement. L'épithélium, à mesure de la destruction de la *membrana propria* devient peu à peu moins serré ; ses cellules se séparent peu à peu et commencent bientôt à subir la dégénérescence graisseuse. A proportion que les œufs, l'un après l'autre, passent dans le compartiment de la gaine qui correspond à l'oviducte, les restes de l'épithélium s'accumulent de plus en plus à l'entrée de ce compartiment et forment la masse jaune dont il a été parlé plus haut. Aucune nouvelle enveloppe ne se forme sur le chorion chez notre insecte.

Voyons maintenant comment s'opère la transition des œufs du compartiment supérieur dans l'inférieur, c'est-à-dire selon nous, de l'ovaire dans l'oviducte. Le tube ovarique croît à proportion de la croissance des chambres isolées dans lesquelles au commencement grossissent tous les éléments indépendamment les uns des autres; plus tard, quand la chambre en question atteint sa proportion normale, l'œuf de cette chambre commence à croître aux dépens des cellules vitelliformatives. La fin de la croissance de l'œuf et de l'anéantissement complet de cellules vitelliformatives, coincide avec le moment où l'épithélium cylindrique enveloppe complètement l'œuf. A cette époque le chorion aussi commence à se former. Tant que celui-ci n'est pas achevé, la couche épithéliale serre l'œuf de près ; dans la suite apparaît un espace libre entre l'œuf et la chambre, et le premier s'y trouve tout à fait à l'aise comme dans une ampoule.

En observant les gaines ovariques de la chrysalide vers la fin de son développement, il est aisé de se convaincre qu'elles dépassent l'enveloppe péritonéale et qu'elles ne peuvent s'y maintenir qu'en se repliant sur elles-mêmes; les chambres des œufs mûrs chevauchent les unes sur les autres; elles occupent souvent dans l'intérieur de leur enveloppe péritonéale une position transversale (et non longitudinale). Toutes les chambres sont encore réunies par des tiges. Une tige semblable part aussi de la dernière chambre. Selon Ludwig cette dernière tige est formée autant par l'épithélium de la partie ovarique que par celui de l'oviducte. Mais c'est une erreur, je me suis convaincu que cette tige n'est formée que par l'épithélium du compartiment ovarique, car nous l'avons vu, les contours tranchants, la limite de la *membrana propria* accompagnant inséparablement cet épithélium, se trouvent au-dessous de la tige de la dernière chambre. Relativement à la question qui nous occupe ici, nous ne trouvons pas d'éclaircissement sur la manière dont le premier œuf se détache, et sous quelle forme il tombe dans l'oviducte, partie inférieure de la gaine ovarique ; c'est pourquoi j'ai dû porter sur ce sujet une attention particulière. En disséquant la chrysalide, on pouvait à peine espérer de surprendre le moment de la sortie de l'œuf et de son passage du com-

partiment supérieur de la gaine dans l'inférieur. Aussi je ne comptais pas
là-dessus, supposant qu'il suffisait pour mon but d'analyser la chrysalide chez laquelle un petit nombre d'œufs seulement avaient eu le temps
de passer. J'ai réussi à ouvrir un jour une chrysalide fort intéressante
sous ce rapport : les compartiments inférieurs, les oviductes de ces
gaines étaient complètement développés et ne cédaient en longueur que
peu aux compartiments supérieurs ovariques, mais ne renfermaient qu'un
très petit nombre d'œufs et, ce qui à mes yeux avait beaucoup plus d'importance, l'un des huit oviductes ne contenait qu'un œuf; par conséquent,
il était hors de doute que c'était le premier œuf qui venait de passer de
la partie supérieure du tube dans l'inférieure. Après avoir déchiré avec
une aiguille, sous la loupe, la paroi de la gaine et après une légère pression sur l'œuf, je fis sortir ce dernier. Une observation minutieuse con-
stata la complète nudité de l'œuf. Sur son chorion, on ne pouvait apercevoir le moindre vestige de cellules. Fixant alors mon attention sur le
compartiment supérieur (ovarique) de la gaine, je remarquai que l'endroit où avait été couché le dernier œuf, n'était pas encore occupé par
l'œuf suivant. Ayant ici également déchiré la paroi du tube, je retirai
très facilement avec une aiguille toute la chambre épithéliale qui entourait
l'œuf. Cette chambre se joignait en haut à la chambre suivante, mais en bas
elle était déchirée par l'œuf qui venait d'en sortir. De cette manière nous
voyons que le premier œuf et par conséquent tous les œufs percent leur
chambre. J'ajouterai que je n'ai pas trouvé de tige qui eût réuni la dernière chambre avec l'épithélium de l'oviducte; on ne distinguait ici que
des fragments de l'épithélium de la partie ovarique. En analysant les
ovaires des chrysalides renfermant déjà un grand nombre d'œufs dans les
conduits ovariques, il est très facile de se convaincre que les œufs, au
moment même de leur passage d'une partie dans une autre (c'est-à-dire
de l'ovaire dans l'oviducte), perdent leur enveloppe épithéliale. Il est clair
que des restes de chambres doivent s'accumuler de plus en plus sur la
limite des deux parties de la gaine ovarique; et en effet, bientôt il se
forme ici un gros bouchon d'une substance jaunâtre. En analysant ce
bouchon, nous y trouvons principalement des cellules épithéliales à différentes périodes de dégénérescence graisseuse, et au milieu de ces cellules
tantôt des fragments d'épithélium, tantôt des chambres entières qui ne
sont pas encore désagrégées [1].

[1] Les observations sus-mentionnées concernant le sort de l'épithélium, confirment suffisamment l'opinion théorique que Balfour a développée dans son *Traité d'Embryologie*

Prenant en considération ce qui précède, on s'explique facilement la diversité des opinions relativement aux détails de l'oogénèse dans la classe des insectes en général. C'est Stein qui a observé très exactement, que l'épithélium des chambres ovariques disparaît, mais il s'est trompé en croyant que cette disparition doit être expliquée par la transformation de l'épithélium lui-même en chorion. Des auteurs postérieurs à Stein, en rectifiant l'erreur de celui-ci, tombèrent dans une autre erreur, en affirmant que l'épithélium ne disparaît pas; du reste ils ne se trompaient à ce sujet que de moitié, vu que l'épithélium de la partie inférieure de chaque gaine ovarique se trouve être en effet une formation permanente.

On peut affirmer hardiment que tout ce que j'ai dit au sujet des deux parties des tubes ovariques, se rapporte à tous les Lépidoptères, vu que les données que m'a fourni l'analyse du *Bombyx mori* ont été vérifiées par moi sur une espèce très éloignée, la *Pieris brassicæ*. La différence ne concernait que quelques particularités secondaires; aussi la partie inférieure de la gaine ovarique est ici relativement fort courte : elle ne contient qu'une série de quatre œufs. De plus, je n'ai pas vu ici de bouchon jaune sur la limite des deux parties des tubes ovariques. A cet endroit il ne se trouve chez la *Pieris* qu'une agglomération insignifiante d'épithélium désagrégé; selon toute apparence ce dernier s'élimine peu à peu de concert avec les œufs. Revenant en résumé à l'opinion déjà mentionnée de Gegenbaur, je ne crois pas que celle-ci soit exacte. En suivant la destinée des chambres épithéliales dans la gaine ovarique des Lépidoptères, sinon de tous les insectes, il n'y a, selon moi, aucune raison de faire par exemple une différence entre l'épithélium de ces chambres et celui de la *membrana granulosa* du follicule de Graaf chez les Vertébrés. Par conséquent, la supposition de Gegenbaur, que le cul-de-sac de la gaine à lui seul représente l'ovaire, est complètement arbitraire. Il me semble qu'on peut considérer de plein droit comme ovaire, toute la partie du tube ovarique au-dessus de l'endroit ou se termine l'épithélium permanent. La circonstance que toute la gaine, ovarique étant richement pourvue de fibres musculaires, est capable d'un mouvement péristaltique comme l'a déjà observé Malpighi[1] ne peut servir d'obstacle (comme de raison, il n'est question ici que de

---

[1] M. Malpighi, *Dissertatio epistolica des Bombyce*, 1669, p. 80 : *motum habet ovarium peristalticum.*

l'enveloppe péritonéale de la gaine ovarique). On rencontre bien chez les amphibies et les poissons osseux entre les follicules ovariques un grand nombre de fibres musculaires qui atteignent leur enveloppe extérieure.

Je ferai remarquer à cet endroit, que Cornalia n'a pas vu dans la gaine ovarique l'épithélium permanent que j'avais pu constater, ce qui n'est pas étonnant, vu que cet épithélium représente une membrane mince formée par une seule couche de cellules qui a pu facilement échapper à l'observation, en raison des méthodes d'investigation incomplètes de ce temps. Je ne ferai pas ici la description des membranes de l'œuf, car les détails de leur structure et de leur développement sont de peu d'importance pour la compréhension de la signification morphologique de l'œuf. Tandis que Bobretzky n'avait pu trouver de membrane vitelline chez la *Pieris cratægi*, je puis affirmer que cette membrane existe indubitablement chez le *Bombyx mori;* je possède à ce sujet une préparation très instructive; le vitellus étant expulsé de l'œuf, on y voit les deux membranes, le chorion et la membrane vitelline, emboîtées l'une dans l'autre.

MORPHOLOGIE DES SPHÈRES (FAISCEAUX) SÉMINALES CHEZ LES INSECTES. — Passons maintenant aux produits sexuels du mâle. Je ferai remarquer à cet endroit que, en examinant ceux-ci chez *Bombyx mori*, j'ai eu en vue d'aborder aussi une question d'une importance générale, c'est d'éclaircir autant que possible la morphologie du testicule comparativement à celle de l'ovaire. En effet dans les traités ainsi que dans les publications spéciales, on signale constamment l'identité des ovaires et des testicules chez les insectes, mais au fond ce n'est qu'une ressemblance purement extérieure, qui consiste en ce que les ovaires se divisent en plusieurs tubes, de même que les testicules en lobes, vésicules, etc., et pour les Lépidoptères en particulier on insiste sur le nombre égal des tubes, ovariques et des compartiments des testicules. Je crois néanmoins qu'on peut aller plus loin et constater l'homologie complète du contenu de l'ovaire et du testicule. Pour nous orienter là-dessus, je ferai remarquer, sans entrer dans les détails, sous quel rapport on peut constater cette homologie. En comparant la *figure 2, planche I,* qui représente la coupe de l'ovaire chez la larve du *Bombyx mori* avec la *figure 3* de la même planche, nous voyons ici et là le canal excréteur commun se composer de quatre canaux séparés. Dans l'ovaire nous

voyons quatre tubes pleins d'œufs, et partagés en chambres séparées ;
dans la glande séminale nous ne voyons pas de tubes entiers, mais en
revanche nous y trouvons des sphères spermatiques remplies de spermatozoïdes et occupant les quatre compartiments de la glande. En bas, autour
des canaux déférents, ces sphères n'ont pas leur forme typique, sont
vermiformes et remplies de spermatozoïdes mûrs. A mesure qu'on monte
au delà des canaux déférents, on trouve en dedans des sphères spermatiques des spermatozoïdes de plus en plus jeunes, et enfin, à l'extrémité
supérieure, on découvre des sphères contenant un nombre restreint de
cellules indéférentes, c'est-à-dire nous retrouvons quelque chose d'analogue à ce que nous avons signalé par rapport aux tubes ovariques.

EXPOSÉ HISTORIQUE. — Nous voyant obligé de prouver l'homologie des
chambres ovariques et des sphères spermatiques ou, comme on pourrait
les nommer, des chambres spermatogènes, nous croyons nécessaire de
donner un aperçu historique des opinions émises par divers auteurs
sur la signification des sphères spermatiques chez les insectes, en même
temps que sur le développement des spermatozoïdes isolés. Siebold[1] dans
son article bien connu sur ce sujet, en décrivant les faisceaux de spermatozoïdes munis d'une membrane propre émet la proposition qu'ils proviennent de corpuscules qui s'y trouvent en même temps, dont le contenu
est granuleux et strié, en sous-entendant évidemment là-dessous ce que
l'on a surnommé plus tard sphères spermatiques. Quant à l'origine des
spermatozoïdes isolés, nous ne trouvons chez Siebold aucune indication.
Meyer[2] voit dans les sphères spermatiques, qui plus tard donnent naissance aux faisceaux des spermatozoïdes, une cellule mère à plusieurs
noyaux. Avec le temps les noyaux s'enveloppent de protoplasme, c'est
ainsi que se forment les cellules filles, dont chacune donne naissance à
un spermatozoïde. Leuckart[3] décrit aussi la sphère entière comme une
cellule mère et considère en même temps le faisceau entier et non le
spermatozoïde isolé étant morphologiquement identique à l'œuf. Bessels
répète ce qui a déjà été émis par Leuckart, mais affirme, contrairement à Meyer que les spermatozoïdes isolés ne proviennent pas des
cellules, mais des noyaux. En acceptant une telle origine des spermato-

[1] C. Th. Siebold, Ueber die Spermatozoen der Crustaceem, Insecten, etc. *(Müll. Arch.*, 1836).
[2] *L. c.*
[3] *Zeugung*, p. 839.'

zoïdes, cet auteur signale comme erreur le noyau représenté par Meyer au bout de chaque faisceau [1]. Landois [2] qui le premier a fait voir que chez les Lépidoptères, non-seulement chez la larve, mais aussi chez l'insecte adulte, chaque glande séminale est composée de quatre compartiments correspondant aux quatre gaines ovariques des femelles [3], donne le schéme suivant de la spermatogenèse : dans les sphères spermatiques *(Hodenkugel)* se forme d'abord la première génération de cellules *(Hodenzellen)*, dans les dernières se forment à leur tour un grand nombre de cellules filles ; toutes les cellules provenant d'une seule cellule de la première génération, se confondent pour la formation d'un seul spermatozoïde. Il est nécessaire de remarquer cependant que cette dernière thèse, heurtant de front les opinions des auteurs les plus récents n'est confirmée que par une seule figure *(l. c.*, fig. 12, *d)* qui représente un spermatozoïde couvert de petits grumeaux de plasme que l'auteur prend je ne sais pourquoi pour les restes de plusieurs cellules ; chacun sait que de tels tableaux ont été plus d'une fois présentés par les auteurs qui ont prouvé indubitablement l'origine du spermatozoïde d'une seule cellule (Schweiger-Seidel, Lavalette, Bütschli). Lavalette Saint-George [4] décrit les sphères spermatiques des insectes comme étant identiques à celles des grenouilles, c'est-à-dire étant composées d'une enveloppe cellulaire extérieure et de cellules isolées à l'intérieur ; ces dernières se transforment en spermatozoïdes. Les observations de l'auteur ont eu surtout pour objet le *Tenebrio molitor*, mais ces observations ont aussi été vérifiées sur d'autres insectes particulièrement sur quelques Lépidoptères. Quant à ce qui concerne le développement d'un spermatozoïde isolé, l'auteur, comme on sait, a fait sous ce rapport comparativement à Schweiger-Seidel, un pas en avant. Ce dernier a donné pour le développement du spermatozoïde le schéma suivant : le spermatozoïde est une cellule munie d'un cil ; la tête du spermatozoïde correspondant au noyau de la cellule, la partie intermédiaire, plasmatique *(Mittelstück* de Schweiger-Seidel) à la substance cellulaire métamorphosée, la queue au cil. De cette façon, d'après Schweiger-Seidel, le spermatozoïde est une

---

[1] Meyer cependant a complètement raison en représentant ce noyau, lequel, remarquons-le à l'avance, se trouve toujours ici et appartient à l'enveloppe cellulaire qui habille chaque faisceau.

[2] H. Landois, Die Entwickelung der büschelförmigen Spermatozoen bei den Lepidopteren (*Müll. Arch.*, 1866).

[3] Kholodkowsky a confirmé cela pour trente-quatre formes de Lépidoptères (*Zool. Anz.*, 1880, n° 50).

[4] Lav. Saint-George, Ueber die Genese der Samenkörper *(A. f. m. A.* Bd. III).

métamorphose directe de la cellule[1]. Lavalette a trouvé qu'à l'époque du développement du spermatozoïde apparaît à côté du noyau un corpuscule brillant, sur lequel l'auteur exprime le doute qu'il provienne du noyau ; ce corpuscule brillant croît de plus en plus, et enfin, il se forme à ses dépens une partie du fil séminal ; le reste est le résultat de la métamorphose directe de la cellule spermatogène. Balbiani[2] soutient que, chez les Aphides, les sphères spermatiques sont accumulées en nombre plus ou moins considérable dans les loges intérieures formées par les cloisons qui partagent chaque vésicule ou chaque capsule séminale et dont les parois sont composées de cellules plates (d'épithélium?) qui forment la suite immédiate de la couche épithéliale intérieure de toute la vésicule ; ces loges peuvent contenir huit sphères. Peu à peu les liens entre les loges sont rompus et ces dernières deviennent libres ; l'auteur donne à cette forme le nom de kystes spermatiques ; chacun de ces kystes se transforme avec le temps en un faisceau de spermatozoïdes, entouré d'une enveloppe extérieure, laquelle n'est autre chose que la membrane du kyste. Par rapport au développement des spermatozoïdes isolés, observons seulement que l'auteur nie toute liaison génétique entre le noyau et le corpuscule brillant qui donne naissance à la petite queue du spermatozoïde, quoiqu'il représente sur ses tableaux les périodes primitives du spermatozoïde, de manière (pl. 2, fig. 18) à faire supposer que le corpuscule tire son origine du noyau. Bütcshli[3], ayant analysé les représentants de différents ordres d'insectes soutient que chez tous ces derniers les compartiments de la glande séminale, sont revêtus à l'intérieur d'épithélium. Ce dernier à mesure qu'il croît vers le centre, produit un prolongement épithélial qui divise la cavité des glandes séminales et ses compartiments en chambres ; de même que la gaine ovarique de l'insecte est divisée en chambres. Cependant, comme l'auteur ne donne ni figure, ni description de l'épithélium tapissant la glande séminale à l'intérieur, nous ne pouvons d'aucune manière considérer comme prouvée l'existence de cet épithélium. En ce qui concerne le développement des spermatozoïdes isolés, le travail de Bütschli sous ce rapport apparaît pour les insectes comme la confirmation de ce que Schweiger-Seidel, a trouvé pour les

---

[1] F. Schweiger-Seidel, Ueber die Samenkörperchen und ihre Entwickelung *(A. f. m. A.* Bd. I, p. 333-335).

[2] Balbiani, Mémoire sur la génération des Aphides *(An. d. Sc. N.,* 5. S. T. XI).

[3] O. Bütschli, Vorläufige Mittheilung über Bau und Entwickelung der Samenfäden der Insecten und Crustaceen *(Z. f. w. Z.,* Bd. XXI, et aussi : *Nähere Mittheilung,* etc.)

vertébrés. Raevsky [1] contrairement à Bütschli et à d'autres auteurs, est arrivé à la conviction que dans la cellule spermatogène se développe avant tout la queue qui s'y trouve roulée en spirale et possède la faculté de se mouvoir. L'auteur lui-même cependant n'a vu clairement cette spirale que sur ses préparations faites à l'acide picrique. Brandt [2] qui, selon toute apparence, ne prenait pas en considération les travaux de ses prédécesseurs, s'efforce d'éclaircir la morphologie des sphères spermatiques, auxquelles il donne le nom de cellules mères et construit une hypothèse très compliquée : le contenu des capsules séminales serait rempli d'une substance dans laquelle seraient interposés des éléments semblables aux vésicules embryonnaires ; cette substance primordiale subirait le processus de segmentation semblable à la division du vitellus de l'œuf, et chaque particule de cette substance primordiale recevrait quelques-uns des éléments susmentionnés. Brandt trouve en ceci une ressemblance morphologique entre l'ovaire et la glande séminale. Sans soumettre à la critique cette hypothèse, nous ferons remarquer qu'elle est au moins inutile, vu qu'il existe des observations contradictoires et non réfutées par l'auteur.

SPERMATOGENÈSE CHEZ LE « BOMBYX MORI ». — En passant maintenant aux faits de spermatogenèse chez le *Bombyx mori*, nous ferons remarquer que les glandes séminales de cet insecte sont pourvues de canaux déférents non seulement chez la larve adulte, mais aussi chez le fœtus dans l'œuf, et que les canaux déférents fœtaux ressemblent parfaitement à ceux que Hérold [3] a représentés chez les larves adultes des Lépidoptères. Ces *vasa deferentia* forment des tractus fibreux qui ne se terminent point sur la ligne médiane du onzième segment, comme le pense Cornalia, mais entrent dans un organe piriforme spécial, le conduit éjaculateur de la larve, qui s'ouvre en dehors à la surface du dernier segment. Il est intéressant de constater que le canal déférent présente deux lumières dont l'une se trouve à son bout proximal et l'autre à son bout distal où elle fait suite à la cavité du corps piriforme.

Voici ce que Cornalia nous apprend sur la spermatogenèse chez le *Bombyx mori :* avant la première mue, la glande séminale est remplie d'une

[1] Des organes sexuels de la *Blatta orientalis* et du développement des spermatozoïdes, (en russe).
[2] *L. c.*, p. 109.
[3] *L. c.*

masse granulaire dans laquelle on remarque des cellules qui proviennent de cette masse comme d'un plasme maternel *(come dal citoblastema).* Après la seconde mue, on remarque dans le contenu de la glande sémirale encore des éléments, qui ont reçu de l'auteur le nom de cellule composée ; celles-ci sont pourvues d'une enveloppe et contiennent dans leur intérieur d'autres cellules. On devine facilement qu'il faut y sous-entendre les sphères spermatiques des autres auteurs. Avec le temps il se forme de ces cellules composées des faisceaux spermatiques que Cornalia à surnommés *budelli spermatofori;* il considère leur enveloppe comme l'enveloppe de la cellule qui a donné naissance à chaque *cellula composta,* et les spermatozoïdes comme le produit des cellules filles de cette dernière.

Mes propres observations sur le développement des spermatozoïdes ont été faites sur les chrysalides ainsi que sur des larves mûres, car dans ces deux stades on peut observer dans la glande séminale toutes les périodes de la spermatogenèse, depuis les sphères spermatiques pauvres en cellules, jusqu'aux faisceaux spermatiques complètement développés. Les sphères spermatiques, à l'exception de leur stade le plus précoce, laissent distinguer une membrane, qui n'est pas amorphe, comme le représente Cornalia, mais contient des noyaux, comme on l'a constaté pour d'autres insectes. Je ne puis me prononcer sur le genre du tissu qui sert à former cette membrane, vu que je ne l'ai pas soumise à un examen histologique. Quant à sa formation, je pense qu'elle se produit de la façon suivante : les jeunes sphères spermatiques sont constituées d'un petit nombre de cellules indifférentes, qui se multiplient rapidement à mesure que les sphères grandissent; selon toute probabilité, les cellules les plus superficielles ne prennent point part à cette multiplication, mais s'allongent et devenant de plus en plus plates, se transforment en membrane nucléée, tandis que les limites de ces cellules deviennent invisibles[1]. En suivant le développement des sphères spermatiques, il n'est pas difficile de se convaincre (surtout sur des coupes) qu'à mesure qu'elles grandissent, de compactes qu'elles étaient, elles deviennent peu à peu creuses. De cette manière ces sphères spermatiques, dans leur stade de développement plus avancé, simulent sur les coupes *(fig. 3, pl. 1)*

---

[1] Je ferai remarquer que L.-S. George considère cette membrane comme formée de cellules soudées et, Bütschli, qui l'envisage comme une excroissance de la paroi épithéliale commune de la glande séminale, représente sur la figure VIII *(l. c.)* les limites cellulaires de cette membrane (pour la *Clythra octomaculata).*

des lumières de canaux (*f*) revêtus intérieurement d'une seule couche d'épithélium. De même que chez les autres insectes, les sphères spermatiques du *Bombyx mori* se transforment directement en faisceaux vermiformes de spermatozoïdes. On peut observer une pareille transformation aussi bien sur la *figure 3, planche I*, que sur la figure 6 du texte. Nous pouvons suivre une telle métamorphose dans tous ses détails sur la dernière figure. Nous y voyons d'abord une capsule *(1)* remplie de cellules dont chacune est munie d'un noyau avec son nucléole. Dans leur développement ultérieur, les cellules, diminuant de volume, s'allongent et prennent un aspect fusiforme *(3 et 4)*; leurs bouts allongés, manquant d'espace, se replient, la sphère spermatique elle-même prend une forme elliptique. Plus loin, ces longs bouts des cellules évidemment devenus élastiques, se déroulent, en suite de quoi la sphère spermatique devient peu à peu piriforme *(4)*. Dans la période suivante, représentée par la figure (6), on ne voit plus de cellules, et la sphère sperma-

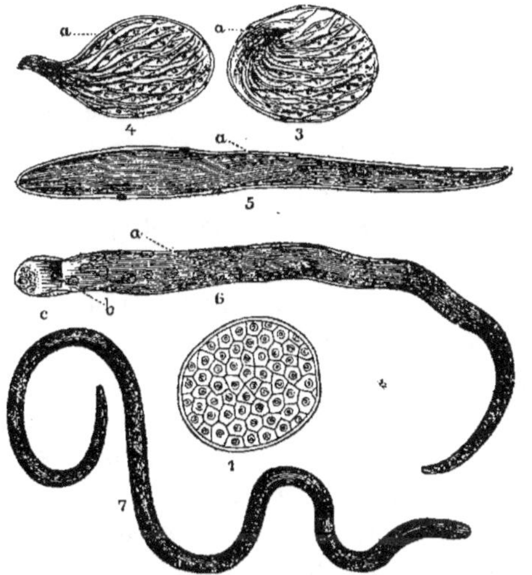

FIG. 6. — Développement du faisceau séminal chez la chrysalide.

1, Sphère séminale jeune (constituée des cellules indifférentes) ; — 3, 4, sphère séminale avec des cellules spermatogènes déjà transformées ; — 5, faisceau séminal pourvu de son enveloppe entière ; — 6, faisceau séminal à peu près entièrement développé (*a*, noyaux de l'enveloppe, *b*, renflements des spermatozoïdes, *c*, noyau terminal de l'enveloppe ; — 7, faisceau dépourvu d'enveloppe.

tique se présente déjà sous la forme d'un long faisceau de filaments autour duquel la membrane est encore intacte, et on en voit les noyaux sur toute l'étendue du faisceau *(5)*. Plus loin ces filaments continuent à croître avec rapidité et la membrane se résorbe en commençant par le bout postérieur du faisceau, où les noyaux à cette époque cessent d'être visibles *(6)*. Enfin nous voyons sur la même figure tout en bas, un faisceau complètement formé *(7)* de spermatozoïdes, sur lequel on ne peut plus distinguer le moindre vestige d'une enveloppe. Après avoir examiné les modifications extérieures de toute la sphère spermatique, voyons maintenant de quelle façon les cellules isolées se métamorphosent en spermatozoïdes. C'est ce que nous enseignera la figure 7. En observant les cellules spermatogènes de la chrysalide sous le microscope, nous trouvons qu'à une certaine époque toutes se présentent arrondies, munies d'un noyau et de son nucléole, et possèdent la faculté d'un mouvement amiboïde (en les observant dans le sang de l'animal). On voit souvent dans ces cellules deux noyaux et plus, ce qui évidemment indique leur multiplication au moyen de la division. En suite de cette division les cellules diminuent graduellement de volume et leur transformation en spermatozoïdes commence du moment où leur diminution atteint la dimension de $0^{mm},012$ à $0,016$. Le premier indice d'une telle métamorphose est l'apparition, à côté du noyau, d'un corpuscule brillant, réfractant fortement la lumière.

En examinant sur la figure 6 isolément chaque période de la transformation des cellules en spermatozoïdes, il est aisé de se convaincre que ledit corpuscule est, pour ainsi dire, le centre du développement du spermatozoïde. Ce corpuscule brillant apparaît d'abord à côté du noyau sous la forme d'un point brillant qui atteint plus tard par degrés la grosseur du noyau (à cette époque considérablement réduit), s'allonge ensuite et s'applique le plus souvent au noyau en forme de croissant (sur notre figure ce corpuscule brillant apparaît tout noir). Ce corpuscule continue à croître de plus en plus, dilate le plasme de la cellule et oblige cette dernière à prendre soit l'aspect fusiforme, soit l'aspect piriforme suivant que les deux pôles croissent simultanément, ou que l'un devance l'autre. En proportion de sa croissance le corpuscule brillant perd peu à peu sa faculté réfractive puissante et cesse de se distinguer sensiblement du reste du plasme. Les restes du noyau de la cellule spermatogène se conservent très longtemps, même lorsque le spermatozoïde naissant a atteint la moitié de sa grosseur et que le plasme cellulaire s'y remarque par endroits en forme de particules dépareillées, comme cela est représenté tout au-dessous de la figure 7. Quant à la forme d'un spermatozoïde complètement développé, elle représente un filament très long (jusqu'à 1^{mm} de longueur) dont l'un des bouts est muni d'un renflement à une certaine distance de son sommet. Ce renflement est exagéré sur le tableau de Cornalia. En général il faut remarquer que cet épaisissement est surtout fort prononcé chez les spermatozoïdes qui n'ont pas encore atteint leur forme définitive (fig. 6, *6 b.*); à cette époque ce renflement se colore aussi avec intensité *(fig. 3, pl. I)*. Comme il est indiqué chez Cornalia et comme on le voit sur nos figures, les mêmes bouts des spermatozoïdes sont disposés de la même manière : leurs bouts épaissis sont toujours dirigés vers le pôle arrondi du faisceau.

En ce qui concerne le sort définitif des faisceaux spermatiques, ceux-ci se décomposent, comme il fallait s'y attendre en spermatozoïdes isolés. Cette décomposition s'effectue relativement assez tôt : j'ai réussi à constater encore dans les glandes séminales de la chrysalide la présence de spermatozoïdes isolés. Nous parlerons de la mobilité des spermato-zoïdes libres dans le chapitre suivant.

Homogénéités du contenu des organes sexuels. — Nous pouvons maintenant nous arrêter avec plus de détails sur les homogénéités du contenu de l'ovaire et de la glande séminale chez les insectes en général (en jugeant d'après ce que nous voyons chez les Lépidoptères). Tous les travaux consacrés à l'histoire du développement des organes sexuels chez les Lépidoptères, démon-trent que le contenu des gaines ovariques et des quatre compartiments de la glande séminale ont la même origine. Mais, à mon avis, il n'existe pas non plus de différence sensible dans le déve-loppement ultérieur des organes sexuels mâles et femelles. Il semblerait que pour établir l'homogé-néité des sphères spermatiques et des chambres ovariques, une circonstance devrait nous offrir une difficulté considérable : la circonstance que les sphères spermatiques se trouvent dans les cavités de la glande séminale, revêtue au dedans,

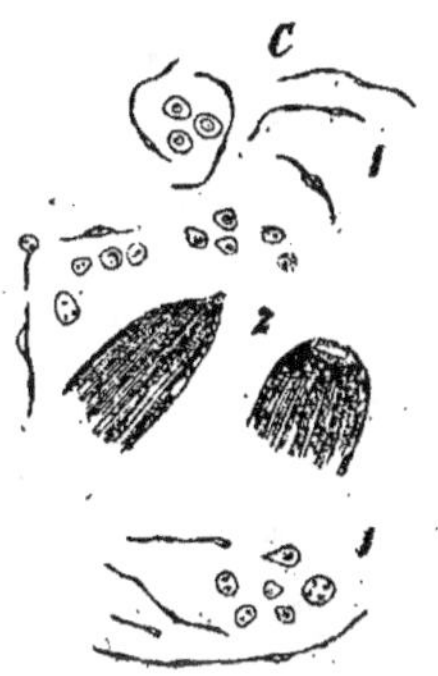

Fig. 7. — Développement des spermatozoïdes.

c et 1 cellules, spermatogè-nes dans les divers stades de leur transformation ; — 2, bout antérieur (à droite) et postérieur à gauche) du faisceau séminal.

comme le soutiennent certains auteurs, d'épithélium ; mais le fait est que non seulement l'existence de cet épithélium ne peut être considérée comme prouvée, mais que cette existence peut à peine être admise.

En effet, déjà Hérold[1] a démontré que les trachées ne rampent pas seulement sur l'enveloppe extérieure de la glande séminale, mais pénètrent encore dans sa substance. Cornalia ne s'arrête pas à ce sujet d'une manière détaillée ; de mon côté, je me suis convaincu au moyen de coupes que les trachées pénètrent jusqu'au fond des parties centrales des cavités de la glande séminale ; les ramifications des trachées s'appro-

[1] Herold, *Entwickelungsgeschichte der Schmetterlinge*, 1815.

chent des sphères spermatiques elles-mêmes, et il semble souvent que certaines sphères sont comme suspendues à ces ramifications minces des trachées *(pl. I, fig. 3, tr)*. Mais, si cela est ainsi, il est évident que la cavité du compartiment de la glande séminale ne peut pas être homologue à la cavité des gaines ovariques. A cette dernière correspond, selon moi, la cavité des sphères spermatiques. En continuant à établir l'homologie, je crois qu'on peut affirmer en se fondant sur tout ce qui a été dit précédemment, que la couche des cellules tapissant la cavité de la sphère spermatique est homologue à l'épithélium de la chambre ovarique et que l'enveloppe extérieure des sphères spermatiques correspond à l'enveloppe péritonéale des tubes ovariques [1]. A côté de cette analogie évidente des organes sexuels mâles et femelles, il existe entre eux sans doute quelque différence, à mon avis fort peu essentielle. Ainsi, par exemple, l'enveloppe abdominale des gaines ovariques est fortement développée, tandis que l'enveloppe extérieure des sphères spermatiques est fort mince. Souvenons-nous, cependant qu'il existe des observations (Kramer, Brandt) d'après lesquelles il faut admettre que non seulement l'enveloppe abdominale des gaines ovariques peut être très faiblement développée, mais qu'elle peut manquer complètement. La différence concernant l'origine des produits sexuels me paraît également peu notable : dans les sphères spermatiques, toutes les cellules intérieures (à l'exception d'un très petit nombre soumises, comme mes propres observations me l'ont appris, à une métamorphose régressive) se transforment en spermatozoïdes ; dans la chambre ovarique, il n'y a qu'une seule cellule qui devient œuf.

REMARQUES. — Je crois nécessaire d'ajouter ici les deux remarques suivantes au texte primitif du chapitre I.

1. Verson, qui a tant fait par rapport à l'anatomie du ver à soie, a publié en 1889 un ouvrage sur la spermatogenèse de cet insecte : *La spermatogenesi nel Bombyx mori* (Padova, 1889). L'auteur affirme dans cet ouvrage, que le contenu de chacun des quatre compartiments de la glande séminale, ne représente au fond qu'une seule énorme cellule, la *spermatogonia*, qui, en suite de sa division successive, donne naissance à toutes les sphères spermatiques, lesquelles plus tard se transforment en faisceaux spermatiques. Selon Verson, ces derniers seraient le résultat de la mul-

---

[1] Leuckart, dans son article *Zeugung* considère l'œuf comme homologue à la sphère spermatique, mais son point de vue sur la signification de cette dernière ne peut être admis de nos jours.

tiplication endogène de la spermatogonie, dont le noyau détacherait un à un les noyaux des cellules sexuelles primitives, tandis que les corps de ces cellules se formeraient par la démarcation des segments de la spermatogonie elle-même.

Je me crois obligé de réparer ici une erreur qui me concerne aussi bien que Verson. Cet auteur, dans son ouvrage sus-mentionné, et moi, dans les pages précédentes nous affirmons que la membrane externe qui enveloppe chaque sphère spermatique a une origine commune avec les cellules sexuelles. D'après mes propres préparations[1] faites après la publication du travail de Verson, je soutiens que la membrane externe des sphères spermatiques tire son origine de la tunique commune conjectivale de la glande séminale; que cette tunique commune forme de minces faisceaux de tissu conjonctif, qui pénètrent dans la masse des cellules sexuelles, en la partageant en sphère spermatique. Il est facile de s'en convaincre en examinant les coupes des glandes séminales des vers de deuxième âge : ici les noyaux des cellules sexuelles ne se colorent que faiblement par le borate carminé tandis que ceux du tissu conjonctif de la tunique commune de la glande séminale, des cloisons qui partagent la glande en compartiments se colorent au contraire fortement par le borate carminé. Le tableau qui s'offre dans ce cas à nos yeux est tellement convaincant, qu'il n'admet point de doute sur l'opinion que je viens de soutenir. A juger d'après ces dessins, je pense que ce fait aura échappé à Verson en suite de l'action trop forte du liquide de Kleinenberg qu'il a employé. J'ai durci les glandes séminales dans le liquide de Perenyi (acide nitro-chromique) et je n'ai jamais observé de fissures qu'on voit sur toutes les figures de Verson. Je ferai remarquer que la connexion de la membrane conjonctivale des sphères spermatiques et de la tunique commune de la glande séminale peut aussi être facilement constatée chez les vers de cinquième âge.

2. La couche de cellules claires que j'ai désignée sur la figure 3 du texte par la lettre S, ne représente, comme je le pense maintenant, que des cellules sexuelles, à leur stade de division (comme des cellules dont le noyau présente l'état de karyokinèse).

---

[1] Je l'ai vu de même sur les préparations de M. G. A. Kojewnikoff, aide du musée zoologique de l'Université de Moscou.

CHAPITRE II

LA SEGMENTATION DU VITELLUS ET LA FORMATION DES DEUX COUCHES EMBRYONNAIRES PRIMITIVES

Aperçus historiques des opinions sur la segmentation du vitellus et sur la formation des couches embryonnaires. chez les insectes. — Premiers stades du développement du ver à soie. — Modifications subies par le noyau de l'œuf avant sa fécondation. — Produits de la division du noyau. — Formation du blastoderme. — Formation de la bandelette germinative. — Enveloppes embryonnaires. — L'ectoderme et l'entoderme du ver à soie.

Après avoir, dans le chapitre 1er, appris à connaître la morphologie des produits sexuels, nous pouvons passer à un exposé des premiers stades du développement du ver à soie. La segmentation du vitellus, la formation du blastoderme, de la bandelette germinative, des enveloppes embryonnaires et des deux couches embryonnaires primitives, c'est-à-dire en général les deux premiers jours du développement de notre insecte, tel sera le sujet du chapitre en question.

Les œufs du *Bombyx mori* sont enveloppés d'un chorion extrêmement épais et complètement opaque; par conséquent, les observations n'ont pu être opérées que sur un très petit nombre de préparations vivantes; il a fallu étudier le reste sur des coupes d'œufs durcis.

APERÇU HISTORIQUE. — Si nous portons nos regards sur l'historique du développement des insectes, il est impossible de ne pas se convaincre qu'il a été déjà beaucoup fait pour éclaircir la question des stades primitifs de ce développement. En ce qui concerne les premières modifications histologiques, dans le vitellus d'un œuf d'insecte en voie de développement, c'est chez Kölliker[1] que nous trouvons à ce sujet les premières indications. Sur toute la surface de l'œuf du *Chironomus tricinctus* observé par l'auteur, apparaît le blastoderme, consistant en une seule

[1] Kölliker, *Observationes de prima insectorum genesi.*

couche de cellules avec noyaux ; mais Kölliker ignore l'origine des premières cellules du blastoderme et de leurs noyaux *(de hujus strati
quod blastoderma nominabo, primarum cellularum origine nil
comperi... utrum vitelli granula earum nucleos constituant an hi
e vitelli humore oriantur. — § 4)*. Quant aux couches embryonnaires,
Kölliker en admet deux : le *stratum serosum* et le *stratum mucosum ;* toutes deux reçoivent leur origine du blastoderme (§ 30). Il est
évident que, chez Kölliker, le rôle du vitellus, demeurant après la formation du blastoderme, n'est pas éclairci, mais dans tous les cas ce
rôle est loin d'être passif (§ 12), comme on le trouve indiqué chez les
auteurs postérieurs.

Plus de dix ans plus tard parut l'ouvrage connu de Zaddach[1] consacré à l'histoire du développement des Phryganides. D'après ses observations, la surface de l'œuf au début de son développement se couvre
d'une substance transparente qui provient, selon toute probabilité, de
la dissolution des éléments du vitellus. Dans cette couche transparente
apparaissent avec le temps des cellules claires avec noyaux, donnant
naissance au blastoderme. L'auteur ne sait pas d'où viennent ces cellules,
mais il suppose que le mode de leur développement est celui-ci : d'abord
apparaît le noyau, là-dessus le plasma qui l'entoure. Zaddach admet
l'existence des couches embryonnaires, mais il pense que, en se désagrégeant, le blastoderme (c'est-à-dire la partie du blastoderme entrée dans
la formation de la couche embryonnaire) produit non l'ecto- et l'entoderme (pour me servir des termes actuels), mais l'ecto- et le mésoderme.
Relativement à l'entoderme, Zaddach émet la supposition que, à l'époque
de la formation de l'intestin moyen, il se forme autour du reste du vitellus, absolument de la même manière que le blastoderme s'est antérieurement formé du vitellus entier (p. 40). Quant à la masse même du vitellus,
quoique Zaddach en ait vu le fractionnement en segments (les cellules
vitellines des auteurs postérieurs), il ne les considère pas cependant
comme cellules.

Leuckart[2] admettant déjà dans son article *Zeugung* la formation de
couches embryonnaires chez les insectes, a vu chez ces derniers, dans la
formation du blastoderme, un procédé complètement analogue à la seg -

---

[1] G. Zaddach, *Untersuchungen über die Entwickelung und den Bau der Gliederthiere*, I. Heft : *die Entwickelung des Phryganideneies*.

[2] R. Leuckart, Zur Kenntuiss des Generationswechsels und der *Partenogenesis* bei den
Insecten *(Moleschott's Untersuchungen*, etc., Bd. IV, Heft, IV).

mentation du vitellus dans tout le règne animal, et admettait une relation génétique entre le noyau de l'œuf et les noyaux des cellules du blastoderme ; on peut admettre d'après ses propres observations sur l'*Aphis rosæ* que ces noyaux se forment du noyau de la cellule-mère par voie de bourgeonnement.

Weismann[1] qui a décrit d'une manière très détaillée la formation du blastoderme chez les Diptères, et qui a fixé le terme de blasteme pour la couche superficielle qui revêt le vitellus avant le développement de l'œuf, fait entrer cette formation dans le même schéma que Zaddach a donné (pour les Phryganides). Weismann nie chez les insectes l'existence de couches embryonnaires qu'on pourrait comparer à celles des animaux supérieurs et va jusqu'à nier le *Hautblatt* (l'ectoderme) de Zaddach, supposant que celui-ci l'avait pris pour le *Faltenblatt* de Weismann, c'est-à-dire l'amnion des autres auteurs.

Metschnikoff[2] se range au point de vue des couches embryonnaires à l'avis de Weissmann quoique avec réserve. Quant à la formation du blastoderme, Metschnikoff a vu, contrairement à Weismann, la formation des noyaux cellulaires du blastoderme à l'intérieur du vittellus et non à sa surface, et il ne doute pas que ces noyaux ne soient les descendants du noyau de l'œuf.

Ganine[3] a étudié les premiers stades du développement de l'œuf sur toute une série de formes d'Hyménoptères, et de Lépidoptères, entre autres sur le *Bombyx mori*. Dans toutes ces occasions, l'auteur a observé le développement du blastoderme d'après le schéma donné par Weismann. Dans ce cas l'embryon chez tous ces insectes provient, comme le suppose Ganine, non de la différenciation locale du blastoderme, mais indépendamment de celui-ci par voie d'apparition de noyaux libres ; tandis que le blastoderme sert à la formation de l'enveloppe embryonnaire : l'amnion. Ganine[4] a aussi étudié les formes parasitiques des *Hyménoptères* et nous apprenons, relativement au *Platygaster*, que le noyau disparaît dans l'œuf encore chez la chrysalide, mais l'œuf déjà pondu, observé par Ganine, renfermait à son intérieur une cellule. A la suite d'un développement ultérieur, cette cellule centrale se divise et

---

[1] A. Weismann, Entwickelung der Dipteren (*Z. f. w. Z.*, Bd. XIII).

[2] E Metschnikoff, Embryologische Studien an Insecten (*Z. f. w. Z.*, Bd. XVI.)

[3] M. Ganine, Ueber die Embryonalhüllen der Hymenopteren und Lepidopteren (*Mém. de l'Acad. d. Sc. de Saint-Pétersbourg*, VII. s. t. XIV, n° 5).

[4] M. Ganine, Beiträge zur Kenntniss der Entwickelungsgeschichte bei Insecten (*Z. f. w. Z.*, Bd. XIX).

donne naissance à deux cellules polaires; toute la descendance de la cellule centrale sert à la formation du corps de l'embryon et la descendance des cellules polaires à celle de l'amnion, suivant le point de vue de Ganine (c.-à. d. du blastoderme).

En 1870, Grimm a réussi à voir chez le *Chironomus* la division du noyau de l'œuf, comme le début de la formation des noyaux des cellules blastodermiques [1].

Bütschli [2] a publié la même année un traité assez détaillé sur l'histoire du développement de l'abeille. L'auteur nous apprend relativement aux premiers stades du développement que le blastoderme qui se forme, selon le schéma de Weismann, revêt d'abord tout l'œuf, qu'ensuite ces cellules se séparent du côté dorsal, où de cette façon le vitellus se découvre de nouveau (des observations semblables ont aussi été opérées, comme on sait, sur différents insectes par Kölliker, Zaddach et Weismann). Dans la partie céphalique de l'embryon à la limite du vitellus dénudé et de la bandelette embryonnaire apparaît un tubercule qui donne naissance à l'amnion. Cet amnion, dans la suite, enveloppe l'embryon. Pour faire comprendre comment selon Bütschli se forme cette enveloppe embryonnaire, il suffit d'indiquer qu'il la considère comme produit de la délamination de la bandelette embryonnaire (p. 53). Quant à la formation des couches embryonnaires, Bütschli en laisse l'origine dans le doute, quoiqu'il ait vu l'apparition de deux couches de cellules dans la bandelette germinative, par voie de développement du pli ventral comme le nomme l'auteur, formation qui correspond à l'involution de l'ectoderme pour la formation du mésoderme chez les autres insectes, comme l'a montré Kowalevsky.

Dans son célèbre traité *Embryologische Studien an Würmern und Arthropoden*, les couches embryonnaires ont enfin été examinées pour la première fois au moyen de coupes. Kowalevsky, comme on sait, a obtenu les résultats suivants : l'ectoderme se forme directement des cellules du blastoderme, le mésoderme par voie d'une involution de l'ectoderme et l'entoderme par voie de délamination du mésoderme. Le même mode de formation des couches a été également examiné par notre célèbre embryologue pour les Lépidoptères. Par rapport aux cellules vitellines chez ces insectes, cellules qui apparaissent encore avant la

---

[1] O. v. Grimm. Die ungeschlechtliche Fortpflanzung einer Chironomus-Art (*Mém. de l'Acad. de Saint-Pétersbourg* (VII, s. t. XV).

[2] Bütschli (*Z. f. w. Z.*, Bd.XX).

soudure des enveloppes embryonnaires, Kowalevsky émet la supposition qu'elles prennent leur origine des cellules du blastoderme.

Balbiani [1], faisant ses recherches simultanément avec Kowalevsky, est arrivé à la conclusion que, chez les Aphides ovipares, le blastoderme se forme de la même manière que Weismann l'a trouvé pour les Diptères. (Comme confirmation de l'hypothèse de Weismann, que les noyaux surgissent d'une façon indéperdante du noyau de l'œuf, l'auteur cite la circonstance que chez les Aphides vivipares le noyau de l'œuf peut être vu en même temps sur la périphérie avec ceux des cellules du blastoderme). En ce qui concerne le reste du vitellus, sa segmentation ne s'opère, d'après les observations de Balbiani, qu'après la formation du blastoderme, le vitellus se désagrège en grosses cellules polygonales, dont chacune est pourvue d'un noyau. L'auteur considère ce processus comme étant complètement indépendant de celui de la formation du blastoderme.

En 1875, dans les *Annales de la Société des Amis des Sciences naturelles d'anthropologie et d'ethnographie*, parut un article d'Oulianine concernant le développement des Podures [2], article fort curieux par rapport à la segmentation complète du vitellus. On regrette cependant que la formation du blastoderme n'ait pas été étudiée en détail par l'auteur; c'est pourquoi le rapport entre les produits de la segmentation et les cellules du blastoderme d'un côté et les cellules vitellines de l'autre, n'a pas été éclairci.

Un an plus tard, Brandt [3] a formulé une nouvelle théorie de la formation du blastoderme chez les insectes, théorie se trouvant en rapport avec son idée fondamentale du rôle du noyau dans la formation du corps animal : la vésicule embryonnaire se divise en deux, quatre et plus de noyaux, et les produits de la division deviennent directement des cellules du blastoderme, se montrant à la surface de l'œuf. Quant aux cellules vitellines, Brandt pense qu'elles offrent le résultat d'une seconde segmentation du vitellus ou d'un « fractionnement » de celui-ci.

En 1878, deux observateurs, Bobretzky [4] et Graber, indépendamment l'un de l'autre, ont repris l'étude de la formation du blastoderme et des couches embryonnaires chez les insectes. Brobretzky, ayant fait ses

---

[1] *L. c.*

[2] *Annales de la Société* (en russe), t. XVI.

[3] Les mêmes *Annales*, t. XXIII.

[4] N. Bobretzky, Ueber die Bildung des Blastoderms und der Keimblätter bei den Insecten (*Z. f. w. Z.*, Bd. XXXI).

recherches sur la *Pieris cratægi* et la *Prothesia chrysorrhæa*, est arrivé aux trois conclusions suivantes :

1° Avant la formation du blastoderme, il existe dans la cellule des éléments formatifs ayant la signification morphologique de cellules ;

2° Quelques-unes de ces dernières, sans la moindre participation du blastème, se transforment en cellules blastodermiques ;

3° D'autres demeurent dans le vitellus et servent à la production des sphères vitellines, qui sont de véritables cellules.

Quant aux couches embryonnaires, Bobretzky est d'avis que le blastoderme correspond à l'ectoderme, duquel, par voie d'involution (qu'il n'a cependant pas observée directement), procède le mésoderme. Ainsi Bobretzky partage en somme l'opinion de Kowalevsky, mais il diffère de ce dernier relativement à la signification des cellules vitellines, qu'il est prêt à considérer avec P. Mayer[1] comme entoderme.

Graber[2], ayant examiné des insectes appartenant à différents ordres, a constaté également la présence de cellules amiboïdes à l'intérieur de l'œuf avant la formation du blastoderme. Ce que Bobretzky considère comme mésoderme chez les insectes, Graber le nomme un entoderme primitif qui entre complètement dans la formation du mésoderme. Quant à l'épithélium du canal intestinal, il reçoit selon l'auteur son origine des cellules amiboïdes qui ne sont pas entrées dans la formation du blastoderme et composant ici le céloderme. Graber ne considère les cellules vitellines que comme le territoire du vitellus nutritif renfermant les cellules du céloderme ; avec le temps, ces dernières abandonnent leur territoire et pénètrent de nouveau dans la cavité de l'œuf. Ce point de vue erroné (comme je m'appliquerai à le prouver plus bas) sur les cellules vitellines est également partagé par Brandt dans son dernier travail[3].

Balfour enfin, dans son manuel d'*Embryologie*, s'appuyant sur l'opinion de Dorn et en partie sur celle de Graber, suppose que l'épithélium de l'intestin moyen prend son origine dans les cellules vitellines et que ces dernières peuvent être considérées comme l'entoderme des insectes. Balfour, entre autres, ne s'accorde pas avec Bobretzky sur l'explication des éléments morphologiques qui se trouvent dans le vitellus avant la

---

[1] Paul Mayer, Ueber Ontogenie und Phylogenie der Insecten *(Jen. Zeitschr.,* Bd. X).
[2] V. Graber, Vorläufige Ergebnisse einer grösseren Arbeit über die vergleichende Embryologie der Insecten *(A. f. m. A.,* Bd. XV, et *die Insecten,* II Th.).
[3] A. Brandt, Commentare zur Keimbläschentheorie des Eies *(A. f. m. A.,* Bd. XVII).

formation du blastoderme, il considère ces éléments non comme cellules, mais comme noyaux.

Premiers stades du développement du ver a soie. — Passons maintenant aux premiers stades du développement du ver à soie et voyons comment s'opère ici la segmentation du vitellus et la formation des couches embryonnaires. Il existe fort peu de données relativement à cette période du développement de notre insecte. Voici ce que nous apprend Cornalia dans sa monographie par rapport aux premiers moments de ce développement : la *bursa copulatrix* de la femelle et le *receptaculum seminis (bursa accessoria)* sont remplis de spermatozoïdes isolés, mobiles. L'auteur n'a pas observé la pénétration du spermatozoïde dans l'œuf, mais il admet la possibilité de celle-ci ; selon lui, l'œuf est fécondé à son passage le long du canal intérieur de la *bursa copulatrix*. Le premier effet de la fécondation se manifeste par la disparition du noyau et des autres éléments constitutifs de l'œuf. Après la fécondation de celui-ci, on peut distinguer dans son contenu une substance albumineuse et des granulations vitellines qui la pénètrent. Dans le courant du premier jour du développement, Cornalia signale l'apparition, dans le vitellus, de sphères constituées par des granulations vitellines réunies entre elles de différentes manières (il faut y sous-entendre évidemment le commencement de la formation des cellules vitellines). Le deuxième jour, l'œuf change de couleur par suite de la formation d'un membranule d'une couleur violette (la séreuse) ; le développement de cette membranule formée par de grandes cellules polygonales, commence au pôle postérieur. Les premiers vestiges de l'embryon apparaissent le sixième jour et on voit l'embryon occuper le centre de l'œuf. La structure de la bandelette germinative ne se trouve pas indiquée dans l'ouvrage de Cornalia ; il dit seulement qu'à l'origine cette bandelette se délimite du reste de la masse du contenu par une disposition déterminée des cellules vitellines *(sphère vitelline)* et plus tard par une mince membrane cellulaire *(da un esilissima membrana granulosa)* qu'on peut supposer être l'amnion[1].

---

[1] Il a été mentionné plus haut que Ganine nous donne une courte indication concernant la formation du blastoderme et de la bandelette germinative chez le *Bombyx mori*. Toutes les données littéraires au sujet des premiers stades du développement du ver à soie sont épuisées par les travaux sus-mentionnés, sauf les recherches d'Hérold dont il sera question dans chapitre suivant.

En passant à mes propres observations, il faut que je remarque avant tout, que tous mes efforts n'ont pas réussi à me faire voir ni le passage du spermatozoïde dans l'intérieur de l'œuf, ni son moindre débri dans le contenu de l'œuf. Je puis affirmer seulement, par rapport à l'acte de la fécondation, qu'en ouvrant avec soin et rapidité l'oviducte commun des organes sexuels d'une femelle, au moment de la ponte, on peut y observer les œufs entourés de spermatozoïdes mobiles. Cette mobilité disparaît bientôt si l'on n'a pas soin d'y ajouter certaines substances ; elle est longtemps visible, quand à la préparation on ajoute du sang de papillon. En examinant la forme du mouvement des spermatozoïdes, on ne peut manquer de s'apercevoir que celui-ci est différent : certains spermatozoïdes manifestent des mouvements très vifs, qui peuvent être désignés comme vibrations ondoyantes, par suite de quoi il se produit à certains endroits un enroulement du spermatozoïde autour de son axe longitudinal. A côté de ces spermatozoïdes fort mobiles, on en observe d'autres qui tantôt se déroulent lentement, tantôt se replient en anneau. Ce n'est que cette dernière forme de mouvement qu'on peut considérer comme progressive ; tandis que les mouvements vibratoires, selon mes observations, ne font pas changer de place au spermatozoïde.

Vu le petit nombre d'observations personnelles concernant la fécondation de l'œuf chez les insectes, nous passerons à l'examen des changements qui s'opèrent dans l'œuf mûr avant sa fécondation, et pendant les premiers stades de son développement.

MODIFICATION DU NOYAU DE L'ŒUF. — En examinant l'œuf mûr du *Bombyx mori*, c'est-à-dire l'œuf recouvert du chorion complètement développé, nous y distinguons le contenu et le noyau. Le contenu est formé par une substance plasmatique uniforme, infiltrée de granulations vitellines de différentes grosseurs *(fig. 1, pl. II)*; chaque grain est revêtu d'une espèce d'enveloppe mince d'une substance plasmatique dense qui l'entoure. En écrasant l'œuf, on voit que les grains du vitellus, isolés, manifestent une forte tendance à se confondre entre eux et forment souvent de gros globes d'une substance ductile, réfractant assez faiblement la lumière. Tout le contenu de l'œuf apparaît teint d'un jaune pâle. Telle est aussi la couleur des œufs fraîchement pondus. Les granulations vitellines ne diffèrent de la couleur de la substance plasmatique qui les entoure, que par une réfringence plus vive de la lumière. De même le vitellus, sous l'influence des réactifs, présente à cette époque une coloration uniforme; ce n'est que plus tard, surtout quand les cellules vitellines se forment, que le carmin, par exemple, donne une élection excellente; sans toucher les sphères vitellines, qui restent d'un jaune vif, il colore d'une manière tranchante la substance intermédiaire.

Le noyau de l'œuf a pour nous un intérêt particulier, c'est pourquoi nous suivons sa destinée en détail. La figure 5 du texte nous représente le noyau d'un œuf dont le chorion n'a pas encore atteint son épaisseur et sa densité normales. Le noyau représenté ici est copié de la préparation colorée à l'hématoxyline et montée dans le baume de Canada. Il faut observer cependant que, à l'exception de la couleur, ce dessin diffère très peu du tableau que nous offre une vésicule germinative vivante. Le noyau vivant nous présente une couche corticale compacte et un contenu ductile légèrement granulé, muni de deux nucléoles de grandeur différente. Le plus gros nucléole, selon mes observations, apparaît simultanément avec la cellule-mère et grandit en proportion de l'œuf et de son noyau. Quant au second nucléole, il ne devient visible que du moment où l'œuf atteint la moitié de son âge. Ces deux nucléoles offrent les propriétés histologiques dont de nos jours on caractérise cet élément morphologique, c'est-à-dire ils n'ont pas de couche corticale délimitée, ils réfractent vivement la lumière et se colorent avec intensité [1]. Au nombre des indices caractérisant le nucléole, on rapporte aussi la présence de vacuoles. Je n'ai pas vu ces dernières, mais en revanche, les deux nucléoles contiennent des particules d'une substance qui ne se colore pas.

Je trouvais ordinairement plusieurs de ces corpuscules dans le grand nucléole, tandis qu'il n'y en avait qu'un seul dans le plus petit. Je n'ai pas examiné d'où ils procèdent dans le premier, mais je ne doute pas que dans le second ces corpuscules ne soient qu'une partie de la substance même du noyau. Ayant observé beaucoup de noyaux, j'ai souvent trouvé le stade du petit nucléole avec une dépression à la surface, où avait pénétré la substance du noyau : j'en ai trouvé ensuite, où cette partie de la substance était déjà renfermée dans le nucléole, mais ne différait en rien du reste de la masse du contenu nucléaire. A d'autres stades, on pouvait déjà remarquer, que cette partie de la substance, entrée dans le nucléole, commençait à réfracter plus vivement la lumière. Observons, pour terminer la description du noyau de ce stade, qu'à l'exception des deux nucléoles, la quantité de la substance qui se colore par les réactifs,

---

[1] Comp. W. Flemming, Beiträge zur Kenntniss der Zelle und ihrer Lebenserscheinungen, III Th., (*A. f. m. A.*, Bd. **XX**, p. 10).

ou pour employer un nouveau terme, la quantité de la chromatine dans le noyau, est fort peu considérable.

Je crois utile de répéter que, d'après ses propriétés physiques, le contenu du noyau est plutôt gélatineux que liquide. En effet, désirant me convaincre de la densité du noyau, je remuai avec l'aiguille le verre à couvrir sans détacher les yeux du microscope (syst. 5 et 7 de Hartnack); les investigations s'opéraient sur le vitellus d'un œuf écrasé sans addition d'eau ou de réactifs, le noyau roulait sous le verre, sa membrane, c'est-à-dire la couche corticale, se ridait, se déchirait même, mais le contenu du noyau ne se dissolvait pas.

La figure 8, *A* et *B*, nous représente des noyaux d'œufs plus mûrs, c'est-à-dire dont le chorion ou la coque a déjà atteint toute son épaisseur,

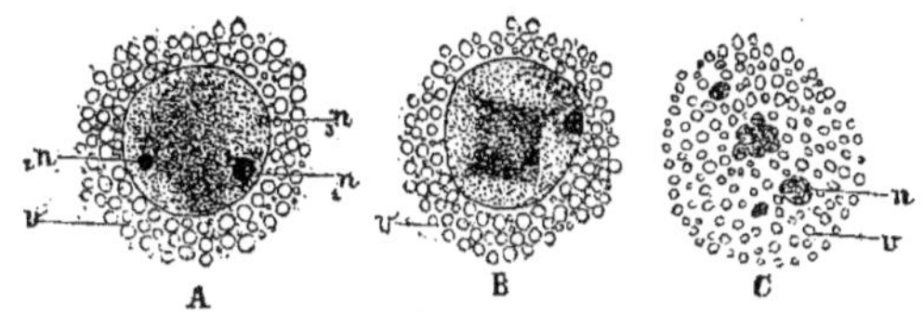

Fig. 8. — Trois stades de noyau d'un œuf en maturition.
A, B, noyau d'un œuf de chrysalide; — C, noyau d'un œuf mûr, non fécondé.

quoiqu'il soit encore mou. Les observations de ces deux noyaux nous amènent aux conclusions suivantes : 1° avec le développement ultérieur, la quantité de la chromatine augmente; 2° le second nucléole n'est qu'une formation temporaire. Dans le noyau indiqué par la lettre *B* (fig. 8) nous ne voyons qu'un nucléole. Il n'est pas sans intérêt d'observer que dans le noyau A (fig. 8), nous remarquons, à l'exception de deux nucléoles, un nombre considérable de corpuscules, ne différant pas par leur forme des nucléoles; chacun de ces corpuscules renferme un autre corpuscule qui ne se colore pas et qui réfracte fortement la lumière.

Nous concluons de là, que l'œuf mûr du ver à soie contient un noyau. On sait qu'à une époque assez récente la plupart des embryologues étaient disposés à admettre, que le noyau de la cellule-mère des insectes disparaissait assez tôt, à l'époque du développement de l'œuf même. A mon regret, j'ai insisté moi-même sur la disparition du noyau en publiant mes articles préliminaires [1] concernant l'histoire du développement du *Bombyx mori*. Ayant entrepris actuellement une nouvelle

[1] *Zool. Anzeiger*, 1879, et Travaux du Comité de la sériciculture, 1881 (en russe).

étude des matériaux recueillis à ce sujet, j'ai opéré une suite d'investigations vérificatives et j'ai acquis la conviction que le noyau ne disparaît pas, mais participe à la segmentation du vitellus. L'exposé suivant prouvera cependant combien il est facile de commettre cette erreur, vu la difficulté de l'examen d'un pareil sujet.

Les noyaux décrits plus haut, ont été extraits par moi des œufs d'une chrysalide, œufs dont le chorion n'était pas encore complètement solidifié. Il faut observer qu'il n'est rien moins que facile d'extraire un noyau, même d'un stade aussi précoce; il arrive de perdre plusieurs dizaines d'œufs avant d'obtenir le résultat désiré. Quand le chorion se solidifie le problème devient encore plus difficile à résoudre, car il est non seulement malaisé de retirer le noyau, mais même de le voir, le chorion, étant déchiré ici par la pression du verre à couvrir, ne demeure pas aplati, mais soulève aussitôt le verre. Néanmoins, je le répète, j'ai réussi à constater, même dans de tels œufs, la présence de noyaux. Il est vrai que, dans des occasions semblables, les coupes auraient pu être de quelques secours, mais ici aussi la circonstance suivante offre une grande difficulté; tous les réactifs que j'ai employés à cette occasion altèrent trop fortement le contenu de l'œuf, produisent un rétrécissement de celui-ci (la même chose arrive, comme nous le verrons, relativement aux premiers stades du développement de l'œuf après la fécondation).

La figure 8, *C*, nous représente le noyau d'un œuf de papillon, venant de sortir du cocon, mais pas encore fécondé. Nous voyons que ce noyau se distingue d'une manière tranchée de celui des stades plus récents, et si nous voulons le comparer au noyau représenté sur les figures précédentes, nous pourrions douter d'en avoir vu sous les yeux; cependant, ayant en vue le stade *A* et *B*, fig. 8, il nous est impossible de ne pas remarquer la transition progressive entre ces deux cas extrêmes; en effet, après une pareille comparaison, nous remarquons que le noyau *C*, représente un stade où la membrane du noyau a disparu, et où toute la chromatine a adopté la forme de nucléoles [1].

Ayant réuni toutes les données qu'il m'a été possible d'acquérir au sujet de l'œuf, se préparant à la fécondation, j'arrive au schéma suivant: le noyau de la cellule-mère s'offre primitivement comme un corps privé de membrane, et pourvu d'un nucléole qui diffère peu de la substance qui l'entoure; le noyau croît progressivement avec l'œuf et atteint en

---

[1] A présent (1891) je dirais : « la forme de chromosomes ».

définitive une dimension très considérable, $0^{mm},108$, la substance du nucléole commence à se distinguer de plus en plus, par ses propriétés, du reste de la masse nucléaire; en même temps s'opère sur le noyau la délimitation de la couche periphérique, ensuite un second nucléole se joint au nucléole primitif, plus tard apparaissent à côté du premier encore d'autres corpuscules, qu'on peut considérer comme des nucléoles minimes. (J'ai réussi un jour à apercevoir ces corpuscules minimes, reliés entre eux par de minces filaments plasmatiques qu'on pouvait distinguer déjà au moyen du système 8 de Hartnack). Avec le développement ultérieur, il paraît que toute la chromatine passe dans des nucléoles qui semblent, par conséquent assez grands, et la différence entre les nucléoles primitifs et les secondaires disparaît. C'est ainsi que je crois expliquer comment le noyau de l'œuf, s'offrant à notre vue dans un œuf jeune sous la forme d'un vésicule avec un contenu clair et munie d'une membrane (fig. 5), se transforme définitivement en une masse de corpuscules isolés.

Produits de la division du noyau. — Passons maintenant aux changements subis par l'œuf après la fécondation. Les transformations extérieures de l'œuf, sous l'influence de la fécondation, consistent dans le rétrécissement du vitellus; ce rétrécissement se manifeste principalement par l'aplatissement des côtés de l'œuf, sur lequel se forment successivement deux dépressions[1] latérales de la coque de l'œuf. Ces dépressions commencent à se former, selon toute apparence, dès le moment de la fécondation, quoiqu'elles ne soient pas encore visibles sur des œufs qui viennent d'être pondus, comme le remarque avec justesse Cornalia. Ce dernier indique entre autres, la disparition du noyau de l'œuf, comme résultat de la fécondation. Il est impossible, cependant d'accorder la moindre importance à l'observation de l'honorable auteur, car il ne fait pas seulement mention du noyau, mais aussi des parties compliquées de l'œuf *(aureola vitellina)* qui ne se trouvent que chez de très jeunes œufs et qui disparaissent, sans doute, bien avant le moment de la possibilité de la fécondation. En faisant des coupes d'un œuf qui vient d'être fécondé, nous pouvons, dans des circonstances favorables, en obtenir qui traversent le noyau. La *figure 4, planche I*, nous offre une telle coupe. Nous voyons un noyau de forme irrégulière, renfermant plu -

---

[1] C'est encore Malpighi qui parle de ces dépressions : « concavitates quæ sensim sanescent ovo patientores redduntur » (*l. c.*, p. 94).

sieurs corpuscules brillants, tout à fait semblables à ceux que nous avons remarqués dans les nucléoles de la vésicule embryonnaire d'un œuf mûr. Le plus grand diamètre est de 0^{mm},032. Vu que mes observations n'ont pas été opérées sur des œufs vivants, mais seulement sur leurs coupes, je n'ai certainement pas le droit de soutenir que le noyau mentionné ne soit pas une néo·formation ; malgré cela, m'en rapportant de nouveau à l'analogie absolue de sa forme et de ses propriétés avec les derniers des stades décrits concernant le développement d'un œuf mûr, je suppose que le noyau d'un œuf qui vient d'être fécondé se trouve en rapport génétique direct avec le noyau d'un œuf mûr. Il faut admettre cependant que le premier, vu sa dimension moindre, ne forme qu'une partie du second. Quoiqu'il en soit, le noyau d'un œuf qui vient d'être fécondé nous offre (comme nous le voyons) un corps plasmatique d'une forme irrégulière, ne renfermant aucun élément distinct, à l'exception des corpuscules brillants cités plus haut. Revenant à ce qui a déjà été mentionné, j'observerai que, dans le cas où nous ne puissions reconnaître pour un noyau la formation que nous offre la figure 8 *(C)*, la possibilité d'admettre un rapport génétique entre le noyau d'un œuf fécondé, continue à subsister, vu que l'analogie entre les nucléoles d'un œuf mûr et le noyau d'un œuf qui vient d'être pondu, est manifeste pour qui voudra jeter un coup d'œil sur les préparations correspondantes. Par conséquent, il est fort vraisemblable qu'ici le noyau d'un œuf fécondé soit un composé de plusieurs nucléoles confondues d'une vésicule embryonnaire.

En passant aux transformations qui s'opèrent dans l'œuf, pendant les premières heures qui suivent sa fécondation, j'indiquerai qu'avant tout il m'a paru intéressant d'éclaircir en détail la question du rapport génétique du noyau d'un œuf fécondé, avec les noyaux des cellules du blastoderme. Nous allons voir que ce noyau donne naissance à une génération d'éléments morphologiques, tout à fait semblables à ceux que décrivent Bobretzky et Graber ; ces deux observateurs considèrent les éléments sus-mentionnés comme cellules, tandis que Metschnikoff, Brandt et Balfour les regardent comme noyaux. Il est hors de doute que les opinions de Bobretzky et Graber, raisonnant *a priori*, présentent un inconvénient : selon eux, dans le cas actuel nous devrions admettre que dans l'œuf représentant une cellule, se délimite toute une génération de nouvelles cellules ; il est difficile de trouver sous ce rapport une analogie indubitable parmi les autres animaux qui se multiplient au moyen des produits sexuels. Nous verrons plus bas que, à l'exception de cette difficulté aprioristique, il existe des faits qui ne s'accordent pas avec le point de vue des observateurs mentionnées. Nous remarquerons en même temps que ces faits nous obligent à rejeter également les opinions de Metschnikoff, de Brandt et de Balfour.

La *figure 4, planche I*, représente, comme je l'ai déjà dit, une coupe à travers l'œuf, fraîchement pondu par le papillon. La *figure 5* de la même planche, nous offre un segment d'un œuf pris à l'issue de la sixième heure après la fécondation (je n'ai pas réussi à observer des stades plus récents). Nous trouvons maintenant, au même endroit, c'est-à-dire au pôle de l'œuf non plus un seul noyau, mais trois corpuscules plus petits (d'un diamètre moyen de $0^{mm},022$). La rencontre de ces corpuscules à l'endroit où se trouvait un noyau dans l'œuf fraîchement pondu, l'identité de l'habitus donnent la certitude que ces corpuscules représentent la descendance du noyau. Cependant, en les examinant de plus près, nous y découvrons quelque chose de nouveau ; nous remarquons : 1° que de leur surface partent des jets assez courts, mais très distincts, et 2° nous n'y trouvons plus de corpuscules brillants, mais nous voyons des noyaux sphériques d'une teinte à peine plus marquée que la masse qui l'enveloppe. Des observations directes démontrent que précisément ces premiers noyaux qui sont devenus visibles, deviennent avec le temps des noyaux de cellules du blastoderme. Par conséquent, les produits de la division du noyau de l'œuf, représentent quelque chose de plus que les noyaux des cellules du blastoderme. Nous nommerons, pour plus de facilité, les produits de la division du noyau, « corpuscules intérieurs ». Ces corpuscules intérieurs, dans l'intervalle de six à vingt-quatre heures, se multiplient très rapidement et remplissent bientôt tout le vitellus, de façon que vers la douzième heure, beaucoup d'entre eux atteignent déjà la surface de l'œuf. La *figure 2, planche II*, nous offre la coupe d'un œuf de cette période ; ici nous pouvons voir les stades les plus divers de la division. J'observerai que j'ai réussi en même temps à examiner, dans le noyau, les figures karyokinétiques, lesquelles, sous l'influence peut-être des réactifs, étaient loin d'offrir la forme gracieuse que Flemming et d'autres auteurs nous ont appris à connaître, et que j'ai eu moi-même l'occasion d'observer, en étudiant la division des cellules épithéliades du têtard et des larves des tritons. La *figure 7, planche I*, qui représente un segment du blastoderme d'un œuf de trente-six heures après la ponte, peut nous donner une idée de la forme dans laquelle apparaissent les figures karyokinétiques, chez le ver à soie. Il semble que les figures se présentent ici composées de grains ou plutôt de bâtonnets assez courts de chromatine[1].

FORMATION DU BLASTODERME. — Vers la vingt-quatrième heure après la ponte, les corpuscules intérieurs se multiplient ordinairement assez pour atteindre partout la périphérie. A peine les corpuscules ont-ils atteint la périphérie, qu'aussitôt commence la formation du blastoderme. Mes observations, concernant ce moment important du développement embryonnaire, ont été complètement confirmées par les données que nous offre Kowalevsky pour l'abeille, avec la différence que, là où ce dernier voit un noyau, nous devons sous entendre un corpuscule entier c'est-à-dire un noyau entouré d'une masse de protaplasme compacte. Ainsi chaque cellule du blastoderme se forme de manière que, autour du corpuscule se trouvant près de la périphérie, se délimite un segment d'œuf; par conséquent chaque cellule du blastoderme est une partie de l'œuf, renfermant un corpuscule intérieur, avec un noyau au centre de ce dernier. Pour s'en convaincre il suffit de jeter un coup d'œil sur la *figure 5, planche II*, et sur la *figure 8, planche I*, Au moyen de grossissements modiques et ayant sous la main des œufs fortement rétrécis par l'action des réactifs, on peut arriver à la conclusion suivante : le blastoderme se compose directement de corpuscules intérieurs, sortis à la surface de l'œuf, mais une telle conclusion serait erronée.

Comme on sait, tous les auteurs qui se sont occupés de la question, concernant le développement du blastoderme, sont d'avis qu'il se développe ordinairement d'abord sur un pôle (le pôle postérieur par rapport à l'embryon), et qu'ensuite, embrassant tout l'œuf, il atteint progressivement l'autre pôle. Cornalia dit la même chose au sujet du *Bombyx mori*[2]; à mon tour je puis le confirmer, en ajoutant (ce que du reste il est facile de deviner *a priori)* que le pôle en question est celui où se trouve le noyau. Une fois que les cellules du blastoderme commencent à se délimiter à la surface de l'œuf, leur division s'opère très rapidement. Il est facile de s'en convaincre en jetant un coup d'œil sur la *figure 3, planche II*. Ici sont représentées les cellules blastodermiques à l'état de

---

[1] J'observai, du reste, que Bütchli aussi décrit comme telles les figures karyokinétiques du noyau de l'œuf des Aphides : O. Bütchli, *Studien über die ersten Entwickelungsvorgänge in der Eizelle, etc.*

[2] Il faut avoir en vue cependant que Cornalia ne parle pas proprement du blastoderme, mais de la séreuse commençant à s'obscurcir.

délimitation. Nous voyons que les noyaux de toute la partie supérieure du champ visuel se trouvent à l'état de karyokinèse (le dessin en offre l'expression en ne nous montrant à droite que des noyaux en forme de bandes étroites; ce sont les *Kernplatten* des auteurs allemands). Ayant observé toute une suite de coupes d'œufs de douze à vingt-quatre heures après la ponte, il est impossible de ne pas remarquer encore la circonstance suivante : les côtés aplatis de l'œuf (on sait que l'œuf du ver à soie à la forme d'une ellipsoïde fortement aplatie) se couvrent de blastoderme plus tôt que le reste de la surface de l'œuf.

Nous voyons ainsi que chaque cellule du blastoderme du ver à soie se compose de deux éléments : d'un segment de la surface de l'œuf et de ce que nous avons appelé le corpuscule intérieur. Revenant à présent à l'estimation de la signification morphologique de ce corpuscule intérieur, et m'appuyant sur des observations personnelles, je ne puis le reconnaître ni pour une cellule, ni pour un noyau : ce corpuscule intérieur, par rapport à la cellule du blastoderme, est quelque chose de plus grand que le noyau de cette cellule et quelque chose de plus petit que cette dernière. En effet, en voyant par exemple représenté sur les *figures 4* et *5, planche II*, et sur la *figure 8, planche I*, ces corpuscules à l'intérieur des cellules, il nous est impossible de les prendre pour des cellules; de même, en remarquant que le noyau futur de la cellule du blastoderme s'est formé dans le corpuscule intérieur encore à l'époque où ce même corpuscule n'était pas entré dans la composition de la cellule du blastoderme, nous ne pouvons pas le regarder comme un noyau. Si nous examinons maintenant les raisons qui déterminent Bobretzky et Graber, à considérer les corpuscules intérieurs comme cellules, nous ne trouverons cité par eux comme preuve que l'analogie de ces corpuscules avec les cellules amiboïdes ou même avec les cellules du tissu conjonctif réticulaire. Il est hors de doute que, pour la solution du problème, cette analogie extérieure est insuffisante, d'autant plus que ces corpuscules sont loin de ressembler autant aux cellules amiboïdes qu'on pourrait le supposer à première vue. En examinant des coupes d'une épaisseur moyenne (sur les coupes trop minces, il ne reste, comme de raison, sur ces corpuscules que peu de filaments), j'ai pu me convaincre que ces corpuscules n'étaient qu'un noyau entouré de plasme, d'où partent des filaments disposés en rayons réguliers (voir *fig. 5. pl. I*). Les corpuscules intérieurs gardent ce caractère jusqu'à la formation du blastoderme *(fig. 8, pl. I)* et peuvent souvent être vus sous cette forme dans la cellule même du blastoderme. Il suffit, selon moi, d'observer attentivement, au moyen d'un grossissement considérable (8 à 9, système Hartnack), ne fût-ce qu'une seule coupe d'un œuf avant la formation du blastoderme, pour arriver à la conclusion, que l'œuf au moment donné représente une immense cellule remplie d'une multitude de noyaux ; chaque noyau est entouré de son segment de plasme, d'où partent, dans toutes les directions des filaments plasmatiques qui semblent manifester une tendance vers la périphérie et se perdent dans la masse du vitellus. Il n'y a aucune raison de soutenir que ces éléments morphologiques possèdent la faculté d'un mouvement amiboïde et qu'ils se soient frayé une issue à la périphérie de l'œuf.

Avant d'aborder les changements ultérieurs qui s'opèrent dans l'œuf, il faut nous arrêter encore à quelques détails des premiers stades de la

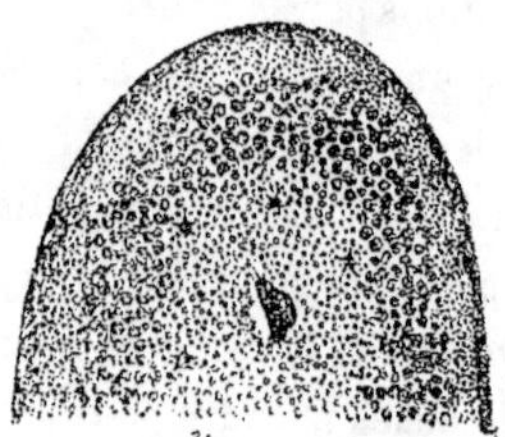

Fig. 9.

Partie d'une coupe d'œuf avec un corpuscule intérieur anormal et plusieurs autres normaux.

segmentation de l'œuf. On trouve fréquemment sur les coupes, à côté de corpuscules intérieurs ordinaires, des corpuscules relativement énormes. Nous pouvons remarquer cela sur la figure 9 qui représente une partie de la coupe d'un œuf, où pas une cellule du blastoderme n'a eu encore le temps de se former. Ici le plus grand diamètre du corpuscule anormal (nous le nommerons ainsi) atteint $0^{mm},048$. Il est intéressant de trouver dans cette formation des grains brillants, du genre de ceux que nous avons vus dans les nucléoles de la cellule-mère et dans le noyau de l'œuf fraîchement pondu ; en même temps, nous trouvons ici des noyaux semblables à ceux qu'on rencontre dans les corpuscules intérieurs normaux. Là où reposent ces noyaux, le plasme du corpuscule anormal forme des prolongements divergents. En remarquant pour la première fois cette formation, j'étais disposé à y voir le noyau permanent d'un œuf dont se détachent constamment, comme des bourgeons, les corpuscules inté-rieurs ; en un mot, j'ai cru trouver ici le même tableau que Leuckart représente sur son dessin 6 pour l'Aphis *(Zur Kenntniss des Generations-wechsels, etc.).* Mais actuellement, vu qu'une semblable formation est loin de se rencontrer dans tout l'œuf et loin d'apparaître isolément, car on trouve parfois plusieurs corpuscules anormaux dans un seul et même œuf, il me faut renoncer à ma première supposition et en adopter une autre : selon toute vraisemblance, nous devons voir ici un corpuscule intérieur arrêté par quelque chose dans le processus de sa division [1].

A présent, disons quelques mots au sujet des changements qui s'opèrent dans le vitellus même à l'époque de la segmentation de l'œuf. En examinant les coupes d'œufs fraîchement pondus, nous voyons que le vitellus est distribué avec une égalité parfaite dans tout l'œuf, partout des globules vitellins d'une forme tout à fait identique et différant peu entre eux par leur dimension, infiltrent la substance intermédiaire. Ces globules se serrent de près, peut-être par suite d'une contraction énergique du vitellus, qui s'opère immédiatement après la fécondation. A peine cependant les corpuscules intérieurs commencent-ils à se multiplier que les changements effectués dans le vitellus même qui cesse d'être homogène deviennent visibles ; une partie des globules vitellins commencent à se transformer. Le résultat de cette transformation est l'apparition d'une substance granuleuse, non seulement sur toute la périphérie, mais dans le vitellus même.

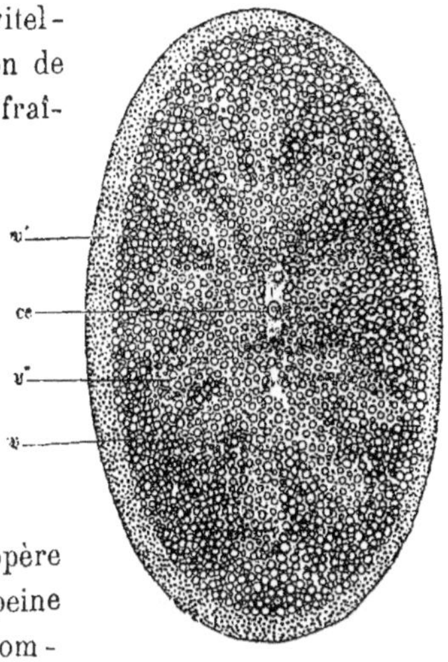

Fig. 10. — Coupe longitudinale d'un œuf *B. mori* (6-12 heures).

ce, corpuscule intérieur, *v*, vitellus, *v'*, blastème périphérique, *v''*, blastème intérieur.

L'apparition à la surface de l'œuf de cette substance granuleuse ou du blastème, comme Weismann et d'autres la nomment, a été observée dans le domaine de l'embryologie des insectes par les premiers investigateurs : ainsi Zaddach mentionne, comme premier moment important dans l'his-

---

[1] Ne serait-ce pas une telle formation que Balbiani a prise pour un noyau d'œuf restant soi-disant invariable, même à l'époque où le blastoderme s'est déjà développé. Comme il a été fait mention Balbiani, se fondant sur cette observation, n'admet pas la participation du noyau de l'œuf à la formation du blastoderme chez les Aphides vivipares.

toire du développement des Phryganides, l'apparition d'une couche d'une substance claire, résultant vraisemblablement, comme il pense, de la dissolution des plus petits globules vitellins.

Les coupes nous enseignent que le blastème apparaît simultanément sur la périphérie et à l'intérieur de l'œuf, quoique sa formation sur la périphérie s'opère plus énergiquement qu'à l'intérieur, en ce sens que la différence entre le blastème et le vitellus annexé, est toujours exprimée d'une manière plus tranchée ici que dans l'intérieur de l'œuf : la coupe longitudinale à l'œuf de six à douze heures, représentée sur la figure 10, peut en servir de preuve. Il est intéressant de connaître l'origine du blastème, et pourquoi il paraît granuleux. Nous avons vu plus haut que Zaddach croyait trouver la cause de la formation de la couche claire, correspondant évidemment au blastème, dans la dissolution des petits globules vitellins. Je suis complètement de l'avis de Zaddach. En effet, en observant des œufs dans lesquels le blastème commence seulement à se former, nous trouvons dans ce dernier comme partout de semblables globules vitellins; mais ces petites sphères réfractent plus faiblement la lumière que les autres. Sur les préparations colorées, en même temps à côté de ces globules commence à ressortir autour de chaque globule un contour coloré. Avec le développement ultérieur du blastème, les globules vitellins qui s'y trouvent deviennent de plus en plus opaques et à côté de chacun d'eux apparaît une membrane qui se colore vivement avec des épaississements en forme de nodules. Avec le temps, les globules vitellins même s'effacent de plus en plus; au contraire, les nodules de l'enveloppe dont il vient d'être question ressortent beaucoup plus vivement. Je m'explique le cours du développement du blastème de la manière suivante : par suite de quelques changements s'opérant dans le vitellus, une partie de ces globules commence à se dissoudre; la première conséquence de cette dissolution est la diminution des globules. La membrane de la substance intermédiaire, revêtant les globules vitellins, devient par suite de leur réduction, évidemment plus épaisse, c'est pourquoi, étant colorée, elle ressort d'une manière plus tranchée. On peut expliquer par cette même réduction des globules l'épaississement de la membrane, épaississement faisant apparaître tout le blastème sous la forme d'une substance granuleuse[2].

---

[1] *L. c.*, p. 3.

[2] Il faut observer qu'une distribution aussi régulière du blastoderme à l'intérieur du

Comme on sait, Bobretzky est le premier qui a prouvé pour les Lépidoptères, au moyen de coupes, l'insuffisance de la théorie du blastème dans le sens de Weismann, c'est-à-dire du blastème comme substance donnant naissance aux noyaux des cellules du blastoderme ; c'est pourquoi il me semble inutile de revenir à cette question. Quelle est cependant la signification que nous devons attribuer au blastème chez les Lépidoptères, ou bien (je suppose une telle généralisation admissible) chez tous les insectes? Nous ne pouvons prendre le blastème pour quelque chose de correspondant au vitellus formateur des œufs, subissant une segmentation partielle, déjà parce que la segmentation de l'œuf chez les insectes approche évidemment du type d'une segmentation totale ; de plus, la formation du blastème ne précède pas le commencement de la segmentation, mais coïncide avec lui. Je suis prêt à voir dans la formation du blastème le moment qui facilite la marche de la segmentation ; voilà pourquoi, je suppose, à la périphérie de l'œuf où la formation du blastème s'opère plus énergiquement, la fragmentation de l'œuf s'accomplit avec rapidité, tandis qu'à l'intérieur elle s'effectue lentement et se termine, comme on sait, beaucoup plus tard que la formation du blastoderme. Une preuve de plus que la formation du blastème facilite le processus de la fragmentation du vitellus est donnée par la circonstance suivante : déjà Weismann savait que tout le blastème n'entre pas tout d'un coup dans la formation du blastoderme. Weismann a vu une partie de ce blastème sous le blastoderme déjà complètement formé, et a nommé ce blastème *inneres Keimhautblastem* (selon lui, ce blastème sert à l'agrandissement ultérieur des cellules du blastoderme). De même, je vois chez le *Bombyx mori*, sous le blastoderme déjà formé, le blastème ; c'est ainsi que je m'explique ici (tout comme chez les autres Lépidoptères, d'après les observations de nos habiles embryologues : Kowalevsky et Bobretzky) que les sphères vitellines, produites d'une segmentation ultérieure, apparaissent avant tout à la périphérie.

Nous venons d'étudier la formation du blastoderme. Il a été dit plus haut, que vers la vingt-quatrième heure cette formation est ordinairement complètement achevée. Cependant, contrairement à ce que nous apprennent d'autres auteurs par rapport aux Lépidoptères ainsi qu'aux autres insectes, je crois indispensable d'observer que, chez le ver à soie, le blas-

---

vitellus, comme sur le dessin 9, ne peut être remarquée que sur les coupes longitudinales traversant l'axe principal de l'œuf.

toderme n'offre jamais une couche d'épithélium, revètant complètement
le vitellus. En effet, si dans toute une série de coupes longitudinales et
transversales, opérées sur des œufs d'un développement de vingt-quatre
à trente six heures, nous obtenons aussi pour le *Bombyx mori* des
coupes, sur lesquelles le blastoderme paraît compacte, cela n'est d'aucune
importance, car dans la même série, à côté de ces coupes, on en obtient
où le vitellus, sur certains points, se présente dénudé. Nous allons voir
que l'existence de tels points, privés de blastoderme, nous offre la
possibilité d'expliquer d'un côté l'apparition de la membrane séreuse,
composée de cellules plates très allongées, de l'autre côté nous permet
d'éclaircir la nature du processus, que différents auteurs ont décrits sous
le nom de rupture du blastoderme, pour la formation de la bandelette
germinative [1].

Vers la trente-troisième heure du développement, on remarque ordinairement chez notre insecte les premiers symptômes de la formation
de la bandelette germinative, c'est-à-dire des premiers rudiments du
corps du futur ver à soie. Conformément à mes propres observations,
presque tout le blastoderme entre dans la formation de la bandelette
germinative. A cette époque le blastoderme commence à se retirer de plus
en plus vers le pôle antérieur et en même temps vers la partie plus
étroite de l'œuf, par suite de quoi le pôle inférieur et la partie étroite
opposée de l'œuf se découvrent de plus en plus. Pour faire comprendre
cette nouvelle distribution du blastoderme, j'ai représenté sur la figure 11
la coupe transversale d'un œuf de trente-trois heures, faite dans la
proximité du pôle postérieur. Nous voyons que sur un côté de l'œuf le
blastoderme, composé maintenant de cellules relativement très étroites,
entoure le vitellus d'une couche uniforme, tandis que du côté opposé on
n'aperçoit que quelques grosses cellules, remplies d'une multitude de
granules vitellins (fig. 11, *s)*.

---

[1] Si nous admettons, comme le font Bobretzky et d'autres, qu'avant la formation de la
bandelette germinative le blastoderme s'est complètement refermé, on se demande comment
expliquer par exemple le fait suivant : sur figure 9 (*l. c.*), Bobretzky représente la coupe longitudinale de *P. cratægi*, avec un blastoderme en apparence fermé, tandis que sur figure 10
la coupe longitudinale du même insecte apparaît avec les premiers rudiments de la bandelette
germinative. Si nous comptons les cellules du blastoderme, nous en constaterons près de
quatre-vingts à un stade précoce et près d'une cinquantaine à un stade plus avancé. Occupant
la même étendue, ces cellules, d'étroites qu'elles étaient, se sont transformées non seulement
en cellules larges, mais en cellules longues et larges (comme les cellules du blastoderme aux
stades les plus avancés). Cela est d'autant plus étrange qu'il ne se trouve aucune indication
concernant l'atrophie des cellules blastodermiques.

Je croyais d'abord expliquer par un défaut de préparation la circonstance que le blastoderme, à l'époque indiquée, ne se présente que sous la forme d'une membrane uniforme; je croyais que quelques cellules se détachaient simplement au moment d'enlever le chorion ; il était d'autant plus possible de former cette hypothèse que la membrane séreuse de l'œuf, comme nous allons le voir, tombe facilement à la première période de son existence. Je suppose cependant que la coupe d'après laquelle est faite notre figure 11 est une preuve entièrement convaincante sous ce rapport, puisque la membrane vitelline s'est conservée ici, et nous voyons distinctement que, dans la partie inférieure du dessin le vitellus, à l'endroit où il ne se trouve pas de cellules blastodermiques, se joint solidement à sa membrane. Ainsi nous voyons que, chez le ver à soie, immédiatement avant la formation de la bandelette germinative, une partie des cellules blastodermiques se retirent vers un des côtés de l'œuf et représentent une couche de cellules épithéliales étroites et serrées, tandis que l'autre partie du blastoderme offre des cellules éparses, succulentes, d'une forme presque cubique. La première portion du blastoderme, comme le prouve le

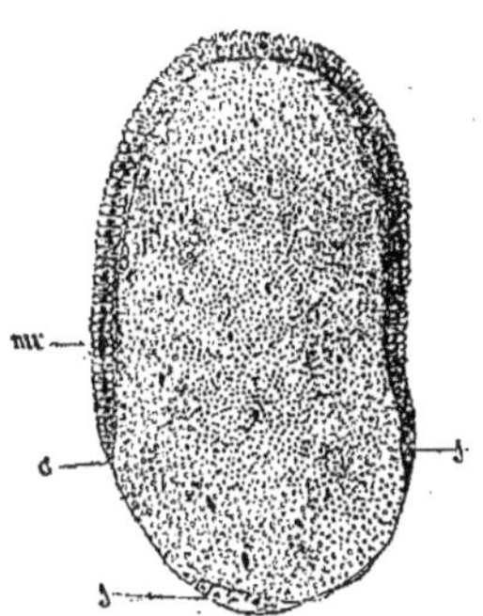

Fig. 11. — Coupe transversale d'un œuf de 33 heures.

a, limite entre les deux parties du blastoderme, *mr*, membrane vittelline, *s*, cellules qui servent à la formation de la séreuse.

développement ultérieur, entre dans la formation de la bandelette germinative et en partie seulement dans celle de l'amnion ; la seconde dans la formation de la membrane séreuse et la plus grande portion de l'amnion [1]. Quant au développement ultérieur de la bandelette germinative et de la formation des premiers rudiments des membranes embryonnaires, il est malheureusement très difficile de suivre l'un et l'autre, car, dans un espace de temps de trente-trois à quarante-quatre heures, tout le blastoderme ne tient que faiblement au vitellus et il est absolument impossible d'obtenir une série de bonnes coupes à travers un œuf de cette période ; le plus souvent on est obligé d'extraire le contenu de l'œuf et d'en étudier chaque portion séparément.

[1] En employant partout l'expression amnion et membrane séreuse, je considère, à l'époque actuelle, l'homologie de ces deux membranes avec celles des (animaux) vertébrés si évidente que je crois inutile de m'arrêter encore une fois à ce sujet. Quant à la préparation du blastoderme pour la formation de la bandelette germinative, je remarquerai que mes observations sous ce rapport confirment ce que Bütschli a décrit pour l'abeille.

Les changements que subit la bandelette germinative jusqu'à ce qu'elle adopte une forme déterminée, se bornent à une réduction progressive des cellules conservant tout le temps leur forme étroite et cylindrique et occupant une seule couche. Il faut observer cependant que dans la couche embryonnaire, peut-être en partie et par suite de la rétraction persistante de la portion correspondante du blastoderme, en partie par suite d'une considérable prolifération d'éléments, on peut apercevoir quelquefois deux et même trois couches de cellules, car les noyaux ne se trouvent pas au même niveau, et les cellules semblent chevaucher l'une sur l'autre. La bandelette germinative adopte une forme déterminée approximativement à l'issue de la quarantième heure, quoique le terme puisse être considérablement reculé si le temps est froid. La figure 12 représente la pre-

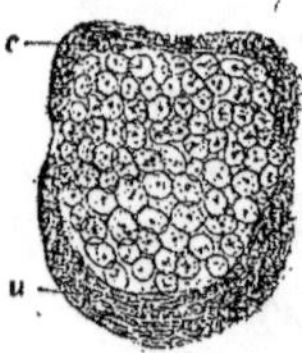

Fig. 12. — Bandelette embryonnaire de 51 heures de développement (retardé). c, Partie céphalique, u, partie caudale.

mière forme tout à fait déterminée que j'ai réussi à saisir. Ce dessin a été fait d'après la bandelette germinative d'un œuf de cinquante et une heures (développé en octobre et fraîchement pondu). Cette bandelette germinative possède une forme plus ou moins quadrangulaire. La partie antérieure (c), future partie céphalique, offre des angles arrondis et une légère échancrure au milieu, tandis que le bout postérieur caudal (u) est complètement arrondi. A cette époque, la bandelette germinative se distingue du reste du blastoderme non seulement par la forme des cellules, mais aussi par sa démarcation fortement tranchée. Cette démarcation dépend de la courbure du bord de la bandelette germinative sur toute son étendue (à l'exception seulement de deux petits segments sur ses côtés), comme on peut le voir sur la figure 12 où la bandelette germinative est representée d'en bas.

Les premières traces des enveloppes embryonnaires apparaissent encore avant la délimitation de la bandelette germinative. On sait que relativement à la première apparition de ces enveloppes, il existe quelques désaccords entre les auteurs qui se sont occupés de l'histoire du développement des Lépidoptères. Ainsi Kowalevsky, affirme que les enveloppes embryonnaires se forment ici de la manière habituelle, c'est-à-dire qu'autour de la bandelette germinative se forme au dépens du blastoderme, un pli dont le feuillet intérieur passe dans la bandelette germinative, le feuillet externe, dans le reste du blastoderme [1]; avec le temps le pli enveloppe l'embryon et ses deux moitiés se fusionnent entre elles; ensuite, à l'endroit de la fusion, la portion du pli où le feuillet interne passe dans le feuillet externe se rompt, et le vitellus pénètre partout entre les deux feuillets. Bobretzky [2], au contraire, soutient que d'abord les enveloppes embryonnaires ne contiennent qu'une seule couche de cellules, qui correspond évidemment à la séreuse ; après cela, cette enveloppe se fusionne au-dessus de l'embryon ; une seconde couche qui correspond à l'amnion apparaît au-dessous de la première. Les observations de Bobretzky étant évidemment incomplètes, je ne vois pas d'obstacles à généraliser celles de Kowalevsky et d'émettre la supposition que les enveloppes embryonnaires se développent chez tous les Lépidoptères d'après le schéma qu'il propose pour les formes qu'il a examinées [3]. C'est par la même voie que naissent les enveloppes embryonnaires chez le *Bombyx mori*. La circonstance que Bobretzky a pu obtenir des coupes (chez *Porthesia, Pieris)* sur lesquelles il était possible de voir les premières traces des enveloppes embryonnaires, sous la forme d'une seule couche de cellules (comme sur la figure 10 de son ouvrage) s'explique probablement par la rupture et la perte du blastoderme, qui s'effectue tout aussi facilement chez les Lépidoptères qu'il a observés.

Comme explication de ce qui précède, je me permettrai d'indiquer la figure 13 qui est faite d'après deux coupes. Nous y voyons que le blastoderme, à l'endroit désigné par la lettre *(a)* se replie vers le haut ; c'est le premier rudiment de l'amnion, s'étant détaché ici de la partie du blastoderme, qui, avec le temps, se transformera en séreuse *(s)*. Si Bobretzky, dans la suite, quand les membranes se soudent, n'y voit de même qu'une seule couche, cela s'explique très simplement : tant que le vitellus ne pénètre pas en quantité suffisante entre l'amnion et la séreuse, le premier est solidement annexé au second. De deux coupes d'un seul et

---

[1] *L. c.*, p. XII, fig. 5, 6.

[2] *L. c.*, fig. 10, 12.

[3] D'autant plus qu'un tel mode de développement a été étudié pour les insectes d'autres ordres sur des œufs vivants (Comp. C. Kupfer, Faltenblatt an den Embrionen der. Gat. Chironomus, *A. f. m. A.*, Bd. II).

même œuf, on peut souvent voir l'amnion sur l'une et ne pas le voir sur l'autre. Cela excepté, l'amnion dans les premiers stades adhère quelquefois si fortement à la bandelette germinative même, qu'on pourrait le supposer fusionné avec cette dernière.

De toutes les données qui sont à ma disposition, données qui con -

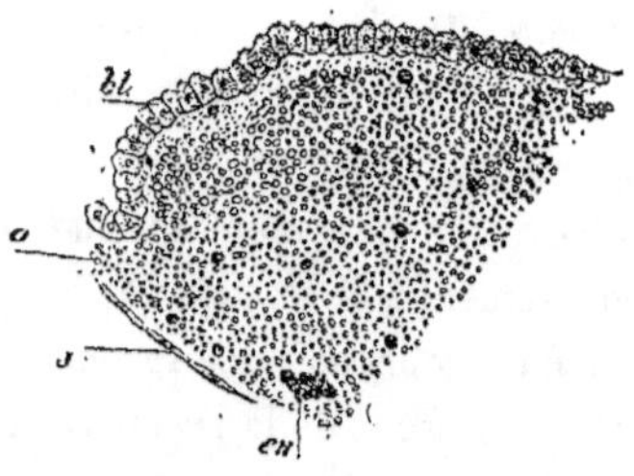

Fig. 13. — Coupe longitudinale d'un œuf de 33 heures.
bl, partie du blastoderme formant la bandelette embryonnaire.

cernent la formation des enveloppes embryonnaires (d'accord avec Kowalevsky par rapport aux autres Lépidoptères), j'en tire la conclusion suivante : au moment donné, la bandelette germinative sur tout son bord, particulièrement par les bouts antérieurs et postérieurs, s'enfonce dans le vitellus ; toute la masse du vitellus, depuis l'endroit de l'implantation du bord de la bandelette germinative, est couverte non d'un blastoderme compacte, mais de ses cellules isolées. Celles-ci commençent ensuite à se diviser rapidement (on peut en juger par les figures karyo · kinétiques qu'on trouve fréquemment dans leurs noyaux) et se transforment peu à peu de cubiques qu'elles étaient en cellules plates allongées, caractéristiques, de même pour la séreuse que pour l'amnion. En se multipliant et en grossissant, ces cellules finissent par former une membrane uniforme qui, au bord de la bandelette germinative, se fusionne avec celle-ci, et ce n'est qu'après que se forme la duplicature, donnant l'amnion et la partie de la séreuse qui se trouve au-dessus de l'embryon. Nous voyons ainsi que la séreuse se forme directement des cellules blastodermiques qui ne sont pas entrées dans la formation de la bandelette germinative. Quant à l'amnion, une partie de celui-ci se forme évidemment aux dépens des cellules de la bandelette germinative, ou, pour parler avec plus de justesse, aux dépens de la portion du blastoderme, qui donne naissance à la bandelette germinative (comp. fig. 13); une grande partie de l'amnion a évidemment la même origine que la séreuse. Je me permets cette opinion parce qu'à des stades récents j'ai réussi quelquefois à découvrir entre les cellules de l'amnion des cellules pigmentaires semblables à celles qui entrent dans la formation de la séreuse *(pl. II, fig. 7, am)*.

A peine la séreuse se sera-t-elle transformée en une membrane fermée enveloppant tout l'œuf, qu'elle commence à changer de couleur : ses cellules se remplissent peu à peu d'un pigment violet. J'ai peu de données concernant la formation de ce pigment ; je l'avoue, j'ai regardé cette question comme dépassant les limites de ma tâche. J'observerai seulement que les cellules plates de la séreuse, avant l'apparition du pigment renferment de très petits corpuscules représentant comme des parties de granules vitellins finement morcelées. Plus tard, ces corpuscules disparaissent et on aperçoit dans les cellules un pigment d'abord pâle, dans la suite de plus en plus foncé. Au début, ce pigment est distribué assez également dans les cellules *(fig. 2, pl. III)*; dans les œufs plus avancés pendant l'hiver, sa distribution dans les cellules est extrêmement diverse. Le plus souvent, les grains du pigment s'accumulent autour du noyau, ensuite vers une des parois des cellules *(fig. 1. pl. III)*; les côtés vivement colorés de ces dernières se touchent en formant des îlots de pigment, par suite de quoi tout l'œuf se présente comme couvert d'un réseau pigmentaire. Déjà Malpighi[1] a observé ce phénomène. Dans la suite, le pigment prend une teinte de plus en plus sombre et paraît (sous le microscope) complètement noir à la lumière transmise, ainsi que Cornalia le remarque avec justesse. La coloration de tout l'œuf se distingue de celle de la séreuse, car cette dernière luit à travers le chorion et le vitellus luit à travers la séreuse. Voilà pourquoi la couleur des œufs du ver à soie à la fin du deuxième jour, passe du jaune paille au brun clair, à la fin du troisième jour paraît simplement brun, ensuite au quatrième jour et plus tard devient d'un gris noirâtre. Je ne crois pas inutile d'indiquer une réaction du pigment des œufs du vers à soie, réaction que j'ai appris à connaître par hasard : sous l'action du liquide de Kleinenberg (composé, comme on sait, d'un mélange d'acide sulfurique, d'acide picrique et de créosote) ce pigment passe du violet au rouge.

Nous avons vu plus haut que chez notre insecte, comme chez tous les

---

[1] *L. c.*, p. 95, 96.

autres, la bandelette germinative se forme directement du blastoderme,
quoique Ganine ait soutenu que chez le *B. mori*, ainsi que chez tous
les Lépidoptères et Hyménoptères qu'il a observés, la bandelette germinative se forme indépendamment du blastoderme. Les observations
de Kowalevsky, de Bobretzky et, actuellement, les miennes, découvrent
suffisamment l'erreur de l'honorable embryologue, erreur très facile à
expliquer : Ganine n'a pas fait de coupes d'œufs des insectes qu'il a
examinés.

Par conséquent, il est clair que nous devons sans la moindre réserve
voir dans le blastoderme l'ectoderme du ver à soie. Nous avons déjà vu
qu'après que le blastoderme s'est formé chez le ver à soie, de la même
manière que Bobretzky l'a prouvé le premier pour les autres Lépidoptères,
une partie des corpuscules intérieurs demeurent dans la masse du vitellus.
Ces corpuscules intérieurs gardent longtemps leur caractère primitif :
ils représentent des noyaux, dont chacun est entouré de sa portion de
protoplasme, d'où partent des jets en forme de rayons *(fig. 8, pl. I)*. Peu
à peu cependant, les jets du protoplasme, entourant le noyau du corpuscule intérieur, s'allongent de plus en plus ; en même temps, un territoire
de vitellus se délimite très graduellement et d'une manière de plus en
plus tranchée autour de chaque corpuscule, jusqu'à ce que, enfin, tout
le vitellus se décompose en un conglomérat de cellules, désignées sous
le nom de cellules vitellines. Simultanément avec la formation de ces
cellules vitellines, les noyaux des corpuscules intérieurs, dont chacun
devient le centre d'une cellule vitelline isolée, subissent une division
accélérée. Il en résulte qu'un grand nombre de cellules vitellines même
dans le moment de leur formation apparaît multinucléaire. On trouve
quelquefois des cellules vitellines avec sept noyaux (fig. 13). Chaque
cellule vitelline représente une très grosse cellule *(fig. 6 et 7, pl. II,
v. c.)*, au centre de laquelle se trouvent quelquefois d'une manière
plus ou moins excentrique, un ou plusieurs noyaux, entourés de
protoplasme.

Au début du développement des cellules vitellines, leurs noyaux, s'ils
s'en trouvent plusieurs, possèdent un territoire protoplasmatique commun,
qui les entoure ; dans la suite, chaque noyau occupe ordinairement le
centre de son territoire. Ces territoires protoplasmatiques, entourant les
noyaux des cellules vitellines, donnent naissance à des jets qui atteignent
la couche cellulaire corticale et se fusionnent avec-celle-ci. Ces jets s'ana-
stomosent entre eux et forment un réseau plasmatique, occupant toute

la cellule ; des granules vitellins sont déposées dans les mailles de ce réseau. Comme il a été mentionné plus haut, Bobretzky, se basant sur des faits, est le premier qui ait émis l'opinion que les cellules vitellines des insectes représentent l'entoderme de ces derniers. Dans mon opuscule préliminaire (publié dans le *Zoolog. Anz.*, 1879) concernant le développement du ver à soie dans l'œuf, j'ai combattu cette opinion ; mais à présent que je me suis familiarisé avec les premiers stades du développement des cellules vitellines, ainsi qu'avec leur destinée future, je suis complètement d'accord avec l'auteur que je viens de citer. En effet, à peine peut-il être douteux que, les cellules vitellines représentent l'entoderme des insectes : toutes les analogies parlent en faveur de cette opinion. Les cellules vitellines offrent un produit de la segmentation de l'œuf aussi bien que le blastoderme, où ce qui est la même chose l'ectoderme ; par conséquent, l'origine même des cellules vitellines nous donne le droit de les prendre pour l'entoderme ; Bobretzky est resté dans l'ignorance de la destinée définitive de ces cellules ; voilà pourquoi, en observateur prudent, il ne fait que supposer que, dans les cellules vitellines des insectes, nous devons voir l'entoderme de ces derniers. Ayant suivi l'histoire du développement du *Bombyx mori* jusqu'à la fin, j'ai pu me convaincre que les cellules vitellines participent au début du développement à la formation du mésoderme, dans les stades ultérieurs au corps adipeux, à l'épithélium de l'intestin moyen et des corpuscules de sang ; c'est pourquoi je crois avoir le droit de soutenir actuellement que les sphères (cellules) vitellines des insectes, ayant évidemment partout la même origine que chez le ver à soie, représentent l'entoderme. Le blastoderme et les cellules vitellines, voici les deux couches embryonnaires primitives, dont se constituent les parties essentielles ainsi que les parties secondaires de l'insecte futur, c'est-à-dire ses différents organes, ainsi que ses enveloppes embryonnaires ; ces deux couches ont, dans toute la force du terme la signification de couches primitives, par leur origine indépendantes l'une de l'autre.

CHAPITRE III

LA FORMATION DU MÉSODERME ET LES CHANGEMENTS MORPHOLOGIQUES EXTÉRIEURS DE L'EMBRYON

Données historiques sur la formation du mésoderme chez les insectes. — Observations de Dorn, concernant le développement du ver à soie. — Le sillon primitif chez le *Bombyx mori*. — Premières apparition des cellules du mésoderme. — Segmentation du mésoderme. — Changements extérieurs de l'embryon dans l'œuf. — Aperçu historique des théories concernant ces changements chez différents insectes. — Investigations de Hérold et Cornalia, de l'histoire du développement du ver à soie. — Les stades précoces de la bandelette germinative chez le *Bombyx mori*. — Démarcation des segments et des extrémités. — Formation de l'orifice buccal, de l'anus et des stigmates. — Formation de la partie dorsale et rotation de l'embryon. — Conclusion (nombre d'anneaux primitifs chez les insectes, lèvre inférieure véritable).

Nous avons vu dans le chapitre précédent de quelle manière se forment le blastoderme et, plus tard, les cellules vitellines, c'est-à-dire l'ecto- et l'entoderme primitifs de l'insecte.

Il n'y a qu'une partie de l'un et de l'autre qui entre, et non sans modification, dans la formation du corps de l'embryon et y subit une différenciation ultérieure en remplissant le rôle de feuillets embryonnaires de second ordre, c'est-à-dire de ce que l'on nomme ecto- et entoderme secondaire. En ce qui concerne le blastoderme, nous avons vu qu'une partie de ces cellules s'agglutinent de plus en plus et diminuant de volume par suite de leur division, forment définitivement la bandelette germinative, tandis qu'une autre partie entre dans la formation des enveloppes embryonnaires. Quant aux cellules vitellines elles subissent un changement différent. Comme nous allons le voir, elles se désagrègent en un conglomérat de cellules relativement petites, qui continuent à se délimiter durant toute la période formative de l'œuf et donnent naissance à une série de productions qui, chez d'autres insectes, procèdent de l'entoderme. Voici pourquoi nous avons tout le droit de nommer ces cellules, provenant des cellules vitellines, entoderme secondaire.

Les deux couches secondaires, par leur action commune, donnent naissance à la troisième, au mésoderme. Nous possédons déjà un assez grand nombre de données concernant le développement du mésoderme chez les insectes. Il faut évidemment prendre en considération ces données, traitant du mésoderme chez le ver à soie.

Données historiques sur la formation du mésoderme chez les insectes. — Cela s'entend que, chez Kölliker, il ne soit pas encore question d'une couche musculaire spéciale (*l. c.*, § 30). Zaddach décrit d'une manière très détaillée le mode de formation des deux premières couches (*l. c.*, §§ 4-6), auxquelles il donne, comme il a été déjà mentionné, le nom de *Hautblatt* (pour la première couche) et de *Muskelblatt* (pour la seconde). Cette dernière, selon lui, se délimine graduellement de la première (le mode de cette délimination est inconnu) en commençant par l'extrémité céphalique. Ensuite, cette couche musculaire de Zaddach, qui représente d'abord une couche continue de cellules, disposée au-dessous de la couche supérieure, se partage peu à peu en deux masses latérales (entre lesquelles on voit ressortir le vitellus) qui représentent les bourrelets embryonnaux, *Keimwülste*. La description ultérieure de Zaddach prouve, néanmoins, qu'il a confondu les différents moments du développement, de manière que son *Muskelblatt* ne correspond pas au mésoderme dans notre sens, vu qu'il donne naissance non seulement au système musculaire, mais aussi au système nerveux. L'erreur commise par Zaddach est bien excusable, car il n'a pu de son temps étudier cette question à l'aide de coupes. Ce qui nous prouve que c'est à la défectuosité de méthode qu'il faut attribuer l'erreur, c'est que des observateurs aussi habiles que Weismann et Metschnikoff, ayant négligé la méthode des coupes, sont arrivés à la négation presque entière des couches embryonnaires chez les insectes. Le premier qui a indiqué l'existence du mésoderme, comme couche embryonnaire complètement indépendante, est Kowalevsky. A lui aussi appartient l'honneur d'avoir découvert le mode de formation du mésoderme chez les insectes. Kowalevsky a fait voir, pour l'*Hydrophilus piceus*, que, sur la ligne médiane de la bandelette germinative, il se forme un sillon qui donne naissance de la façon suivante au mésoderme : dans la partie antérieure du corps de l'embryon : au fond du sillon, les cellules s'arrondissent et deviennent cellules du mésoderme ; plus loin sur toute l'étendue, les parois du sillon se soudent et celui-ci entre complètement dans la formation du mésoderme La description du développement de la seconde couche chez l'*Apis mellifica* est bien moins claire chez Kowalevsky. En comparant le texte avec les figures (*l. c.*, pl. XI, XII, fig. 5, 6, 20 et 23), on pourrait conclure qu'ici il ne se produit point de sillon qui formerait le mésoderme, mais qu'une certaine partie de l'ectoderme sur la ligne médiane donne néanmoins naissance au mésoderme[1]. Bütschli arrive évidemment à la même conclusion. Kowalevsky décrit également chez les Lépidoptères la formation d'un sillon, donnant naissance au mésoderme ; le texte concernant cette question n'est pas bien détaillé, mais, à juger d'après ses dessins, l'auteur aura vu ceci : un sillon relativement large, dont le fond sert en entier à former le mésoderme, tandis que les parois du sillon se referment plus tard au-dessus du mésoderme délimité. Quoique Bobretzky n'ait pas vu personnellement la clôture du sillon, néanmoins, prenant en considération les stades (de développement) ultérieurs, il est d'avis que Kowalesvky est dans son droit, et de son côté Bobretzky assimile la formation du mésoderme chez les insectes à celle du mésoderme chez les vertébrés, d'après le schéma de Kölliker. Graber[2] a décrit chez les Coléoptères et les Diptères un sillon très profond qui correspond à celui dont se forme le mésoderme et qu'il assimile à la dépression gastrique des animaux qui passent par la période de la véritable gastrule. Les dernières indications dans la littérature concernant la formation du mésoderme se trouvent dans le travail des frères Hertwig[3], néanmoins, nous ne découvrons dans leurs propres observations, concernant les couches embryonnaires chez les Coléoptères et les Lépidoptères, aucune nouvelle donnée par rapport à la formation du mésoderme.

Quant à la destinée ultérieure du mésoderme, Kowalevsky a fait sous ce rapport deux indications, ayant déjà lieu au moment de la formation du système nerveux savoir : 1° une rupture locale du mésoderme (probablement dans chaque segment) le long de la ligne médiane, et 2° la formation de deux côtés, sur toute l'étendue du corps, d'une cavité d'abord petite, puis grandissant dans la direction centripétale par suite du retroussis des bords latéraux du mésoderme. La paroi dorsale de cette cavité donne plus tard, en croissant, naissance aux parois du canal intestinal ; quant à la cavité elle-même, renfermée entre les feuillets musculo-cutané et musculo-intestinal, c'est évidemment la cavité du corps. Par rapport aux Lépidoptères, nous apprenons de Hatschek[4] que le mésoderme, au moment de la formation du système nerveux, présente une disposition segmentée ; dans chaque segment le mésoderme tantôt

---

[1] Butschli, Zur Entwickelungsgeschichte der Biene *(Z. f. w. Z.*, Bd. XX).
[2] *L. c.*
[3] O. Hertwig et R. Hertwig, *Die Coelomtheorie*, 1881.
[4] B. Hatschek, Beiträge zur Entwickelung der Lepidopteren *(Jen Zeitschrift*, Bd. XI).

s'étend d'une manière continue sous tout l'ectoderme, tantôt il offre une
solution de continuité au milieu, et les bords latéraux du mésoderme,
en se retroussant, délimitent une cavité. Une série de ces cavités, disposées dans les segments du mésoderme, représente selon Hatschek la
cavité du corps primitive.

En résumant les données historiques, concernant l'origine du mésoderme chez les insectes, nous voyons que tous les auteurs qui se sont
occupés de cette question, et qui ont fait leurs observations au moyen de
coupes, arrivent à la conclusion que le mésoderme se forme par voie
d'involution de l'ectoderme. Ceci est bien établi dans l'embryologie des
insectes, quoique Graber l'ait, selon nous, légèrement obscurci. Cet
auteur considère comme entoderme tout ce qui se forme par voie d'involution centrale, et affirme, contrairement à Bobretzky, qui a fait ses
recherches simultanément avec lui, qu'une partie seulement des cellules
involutionnées participe à la formation du mésoderme. Ceci est le premier
point douteux chez Graber, quoique celui-ci ne l'ait pas muni de preuves
suffisantes, de même que le second point, dont nous avons déjà parlé au
deuxième chapitre. C'est précisément ce second point qui sert à embrouiller
fortement la question. Graber soutient que, à côté des couches embryonnaires qui toutes proviennent du blastoderme, existent d'autres cellules
qu'il nomme *innere Keimzellen ;* ces dernières se forment des noyaux
demeurés dans le vitellus et donnent vraisemblablement naissance à l'épithélium du canal intestinal ; il paraît, selon Graber, que ces *innere
Keimzellen* proviennent aussi de l'entoderme dans le sens de l'auteur,
c'est-à-dire du mésoderme de Bobretzky.

OBSERVATIONS DE DORN, CONCERNANT LE DÉVELOPPEMENT DU VER A
SOIE. — En passant maintenant spécialement à la formation du mésoderme chez le ver à soie, nous devons remarquer que Dorn[1] est le seul
qui touche à cette question et seulement par rapport aux stades avancés.
Nous apprenons de lui que, dans l'œuf du *Bombyx mori*, il existe dans
les intervalles des sphères vitellines *(Dotterschollen,* comme on nom-
mait alors les cellules vitellines, où les cellules de l'entoderme primitif,
comme nous les appelons), ainsi que dans leur intérieur, des cellules
munies d'un ou de plusieurs noyaux. Ces cellules donneraient, selon
Dorn, toute une série de formations mésodermiques : le tissu conjonctif

[1] A. Dorn, Notizen zur Kenntniss der Insectenentwickelung *(Z. f. w. Z.,* Bd. XXVI).

du corps adipeux, les corpuscules du sang et le névrilemme. Nous ver
rons que Dorn a confondu deux formations : 1° celle que nous avons
nommée avec Bobretzky les corpuscules intérieurs, et 2° ce que nous allons
décrire comme entoderme secondaire.

LE SILLON PRIMITIF CHEZ LE « BOMBYX MORI ». — Passons maintenant
aux résultats de mes propres observations sur le cours du développement du mésoderme chez le ver à soie. Il est loin d'être facile de suivre
le développement de cette couche embryonnaire chez les Lépidoptères.
En effet, en jetant un coup d'œil sur les dessins de Kowalevsky *(l. c.,*
fig. XII), nous ne pouvons en tirer la conclusion indubitable que le
mésoderme se forme par suite de l'involution et de la clôture ultérieure
du sillon. On sait que Bobretzky n'a pas observé de véritable involution de l'entoderme pour la formation de la couche médiane. De mon
côté, pendant longtemps je n'ai pas réussi non plus à le voir ; cependant,
ayant repris la question durant l'été de 1881, j'ai pu me convaincre
que le sillon primitif existe indubitablement chez le ver à soie [1].

Le sillon primitif de cet insecte diffère pourtant du sillon primitif des
vertébrés : celui-là, en délimitant de son fond des cellules du mésoderme,
franchit peu à peu les limites du corps de l'embryon, tandis que celui-ci
stationne à l'endroit de son origine et se referme pour former le mésoderme. Si je n'ai pu pendant longtemps observer sur des coupes le sillon
primitif, c'est que l'amnion rentre presque toujours dans la lumière du
sillon et le masque de cette manière.

Je suis parvenu à observer la formation du sillon primitif, la plus
précoce à la quarantième heure du développement. Malheureusement les
préparations en surface concernant cette période sont peu instructives,
c'est pourquoi on se trouve obligé de reproduire le mode de la formation
du sillon primitif à l'aide des coupes. Ce sillon apparaît avant tout sous
la forme d'une fente étroite sur la ligne médiane de l'embryon et se délimite plus tard vers les parties antérieures et postérieures ; en se délimitant dans cette dernière partie, le sillon primitif ne quitte pas sa forme
de fente étroite et légèrement asymétrique ; vers la partie antérieure, au
contraire, il occupe une position symétrique et s'enfonce de plus en plus.
La figure 14 représente la coupe transversale de la partie antérieure du

---

[1] Je pense qu'il est permis d'employer ce terme, tiré de l'embryologie des vertébrés, vu
que cette formation présente chez les insectes une analogie complète avec le sillon primitif
de l'embryon des vertébrés.

sillon primitif ; nous voyons ici que les deux lèvres du sillon se touchent. et tendent à se fusionner. Bientôt elles se fusionnent réellement à cet endroit, ainsi que sur toute l'étendue du sillon, à l'exception cependant de la partie la plus postérieure de l'abdomen, où ce fusionnement sur une petite étendue paraît ne pas se produire. Mais avant la clôture même du sillon primitif on peut démontrer la présence de cellules du mésoderme. Ces dernières apparaissent simultanément dans le domaine du sillon primitif (fig. 14 et 15, *m)*, comme à d'autres endroits sous l'ectoderme.

PREMIÈRE APPARITION DES CELLULES DU MÉSODERME. — D'où proviennent donc ces premières cellules du mésoderme ? En me basant sur une suite de préparations personnelles, je crois avoir le droit d'affirmer que leur origine est double ; elles procèdent, avant tout, de l'ectoderme et 2) de l'entoderme. On peut voir sur tous mes dessins qu'à la période

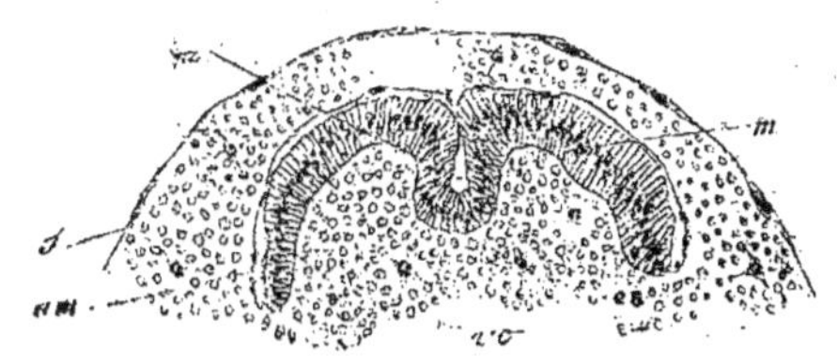

Fig. 14. — Coupe pratiquée sur la partie antérieure de la gouttière primitive.

pr, sillon primitif, *m,* mésoderme dérivant de l'entoderme secondaire ; *am,* amnion, *s,* séreuse.

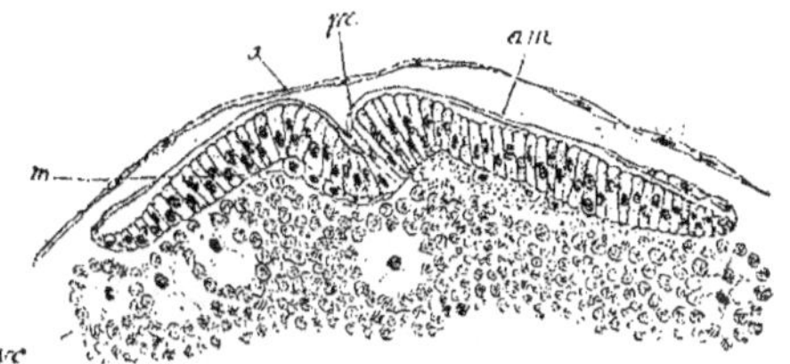

Fig. 15. — Coupe transversale passant par l'abdomen de l'embryon.

pr, sillon primitif, *m,* mésoderme dérivant des cellules du sillon primitif.

en question il se trouve aux environs du sillon primitif *(pl. II, fig. 6)* ainsi que hors de là *(pl. II, fig. 7)*, dans bien des cellules de l'ectoderme, à l'exception du noyau ordinaire, encore un autre situé plus bas ; en même temps on peut suivre le détachement de la partie basale d'une telle cellule avec son noyau inférieur pour la formation d'une cellule du mésoderme. Je ferai pourtant observer que, dans les environs du sillon primitif, une pareille origine des cellules mésodermiques peut être facilement constatée, tandis que cela est fort difficile dans d'autres endroits. A l'exception de la part indirecte que prend l'ectoderme à la formation du mésoderme, aux environs du sillon primitif, ce dernier s'étant refermé, les éléments ectodermiques se transforment directement en éléments mésodermiques. L'entoderme nous offre une autre source pour la formation du mésoderme. Nous avons vu que celui-ci se transforme vers le moment de l'apparition de la bandelette germinative en cellules connues sous le nom de cellules vitellines. Évidemment ces dernières ne peuvent, sans se métamorphoser, entrer dans la formation du corps de l'embryon ; elles se divisent, pendant le développement de l'embryon, en cellules plus petites, que j'ai nommées plus haut entoderme secondaire. Cette division s'opère de la façon suivante : le plasme commence à entourer les noyaux, qui se trouvent souvent en grand nombre dans les cellules vitellines, et peu à peu une ou plusieurs cellules se délimitent de la cellule vitelline pour se détacher ensuite de leur cellule-mère. Cette délimitation des petites cellules des cellules vitellines peut être observée sur des stades plus avancés, comme, par exemple, sur la *figure 3, planche. III*, où *m'* indique la cellule vitelline, presque entièrement desagrégée en petites cellules.

Prenant en considération la marche du développement ultérieur, nous

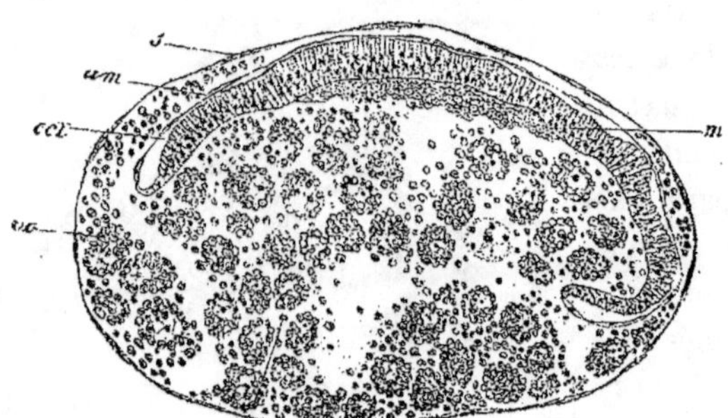

FIG. 16. — Coupe longitudinale d'un œuf de 41 heures de développement;
m, segments du mésoderme *ect*, ectoderme.

devons regarder ces petites cellules qui représentent le produit des cellules de l'entoderme primitif comme entoderme secondaire. Pendant les premiers stades de développement, cet entoderme secondaire, au moment même de sa formation, se convertit immédiatement en mésoderme *(m'*, fig. 14, et *fig. 3, pl. III)*. De cette manière les insectes présentent, comme nous le voyons, un exemple remarquable de développement du mésoderme, tant aux dépens de l'ectoderme qu'à celui de l'entoderme. Nous ferons à ce propos remarquer que, durant les périodes récentes du développement, l'entoderme secondaire se produit presque exclusivement au-dessous de la bandelette embryonnaire et se transforme immédiatement en mésoderme. Ce n'est que par exception qu'à cette époque les petites cellules de l'entoderme prennent leur origine dans d'autres parties de l'œuf. La figure 16 nous représente une de ces cellules sur toute l'étendue de la coupe.

C'est ainsi que se forme le mésoderme. Quant à son développement ultérieure, celui-ci se produit par division des cellules aux dépens de l'entoderme secondaire, comme on le voit, entre autres, sur la *figure 3*, *planche III*, qui représente une partie d'une coupe de l'œuf au premier stade de développement du système nerveux.

SEGMENTATION DU MÉSODERME. — Le changement le plus important que subit le mésoderme au moment de son apparition est sa segmentation. De même que chez les Vertébrés, celle-ci constitue chez les insectes un processus embryonnaire précoce (du moins à en juger d'après mes observations sur le ver à soie). Au commencement les segments du mésoderme sont très serrés, de manière que leurs limites peuvent à peine être distinguées (fig. 16). Plus tard, les interstices deviennent de plus en plus larges et le vitellus y pénètre.

La figure 17 nous éclaire sur ce point. Elle représente une coupe longitudinale d'un œuf, le troisième jour du développement printanier[1]. En jetant un coup d'œil sur cette coupe, dont l'extrémité céphalique est dirigée sur le dessin vers le côté droit, nous voyons que le premier des dix-huit segments antérieurs du mésoderme diffère par sa forme de tous les autres. Ce segment tire son origine de la partie la plus profonde du sillon primitif. Les cellules diffèrent également du reste du mésoderme : elles sont un peu plus grosses que les cellules mésodermiques ordinaires et leur plasma est plus clair (malheureusement cette différence n'est point visible sur notre dessin). Ce segment du mésoderme qui, par rapport à son origine, ne diffère pas essentiellement des autres segments, a évidemment été pris par Hatschek pour l'entoderme qui, selon lui, donne naissance à l'épithélium de l'intestin moyen. Nous allons voir qu'en réalité il n'en est rien ; cet épithélium a une origine toute différente.

Le plus grand nombre de segments mésodermiques que j'ai pu constater comprend celui de dix-huit, nombre qui correspond, comme nous allons le voir plus bas, à des segments primitifs du corps de l'insecte en question. Je ne puis indiquer avec certitude le mode d'accroissement de nouveaux segments ; je ne crois pas cependant que cet accroissement s'opère par

[1] Je ferai remarquer, que toutes mes observations sur le développement printanier ont été faites sur des œufs couvés entre le 16 février et le 2 mars, à une température d'environ 18° R.

suite'de l'implantation de nouveaux segments entre les anciens ; j'admettrai plutôt que de nouveaux segments naissent simplement à la région antérieure et postérieure des segments du milieu, qui apparaissent les premiers.

Après la segmentation du mésoderme, celui-ci se divise en une moitié droite et une moitié gauche. Il est difficile de dire à quelle époque

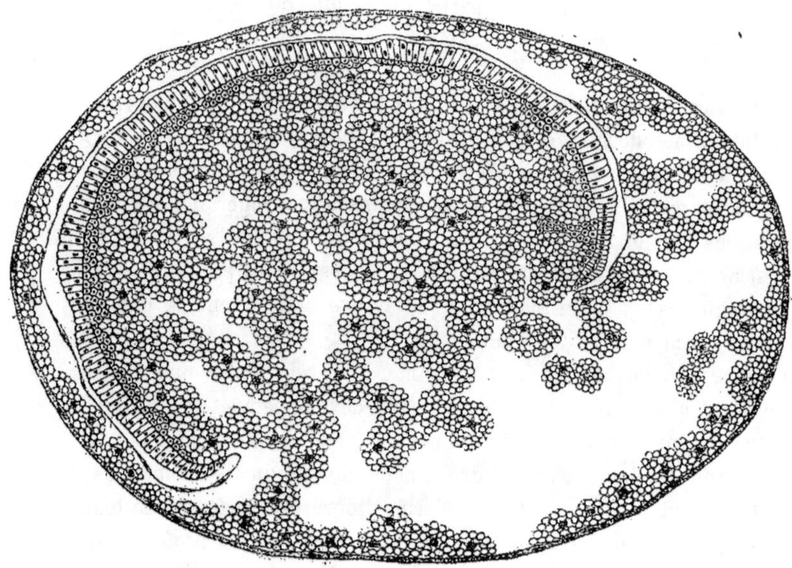

Fig. 17. — Coupe longitudinale d'un œuf au troisième jour du développement printanier.

se produit cette division ; j'ai pu constater le commencement de celle-ci le dix-huitième jour du développement automnal. Les figures 18 et 19 nous permettent de comparer le mésoderme à peine délimité et non divisé (fig. 18), avec celui qui commence déjà à se diviser en deux moitiés (fig. 19).

Par suite de cette division du mésoderme dans le sens longitudinal et transversal, il se forme des tableaux qui rappellent la segmentation du mésoderme des Vertébrés en vertèbres primitives, comme Metschmikoff l'a démontré le premier pour les Arthropodes. Cette ressemblance n'est du reste évidente que sur des coupes longitudinales sagittales, vu que chez les insectes le mésoderme entier se segmente, et non pas une petite partie à une certaine distance de la ligne médiane, comme chez les Vertébrés. En revanche, il y a une grande analogie entre les segments du mésoderme des insectes et les vertèbres primitives. On sait que les limites entre les vertèbres primitives et les vertèbres permanentes ne coïncident pas, et que chaque vertèbre primitive donne naissance aux deux moitiés des deux vertèbres permanentes voisines. Que trouvons-nous donc chez les insectes, du moins chez les Lépidoptères? Les muscles de leurs larves sont disposés en segments, de manière à ce que l'un des bouts de chaque segment musculaire est pour ainsi dire situé dans un anneau du corps, second bout dans le l'autre; de cette façon les segments musculaires correspondent chacun aux deux moitiés des deux anneaux voisins. Le système musculaire segmentaire de la larve est le résultat de la métamorphose définitive des segments primitifs du mésoderme embryonnaire. Nous voyons de cette manière que le rapport qui existe entre les segments du mésoderme et les anneaux futurs du corps de l'insecte est identique à celui qui existe entre les vertèbres primitives

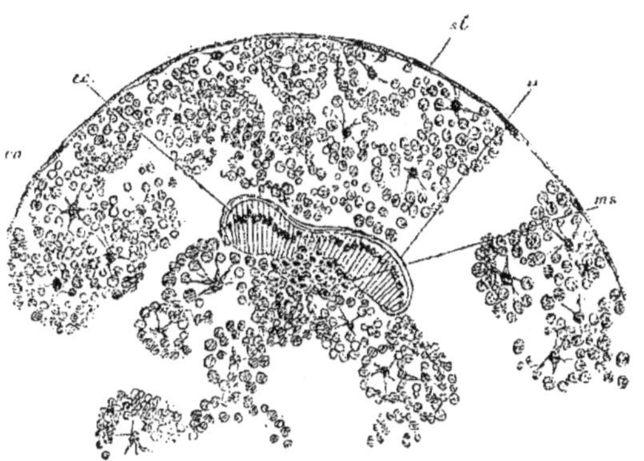

Fig. 18. — Coupe transversale d'un œuf au sixième jour du développement automnal.

m.s, mésoderme, *am*, amnion, *sl*, séreuse.

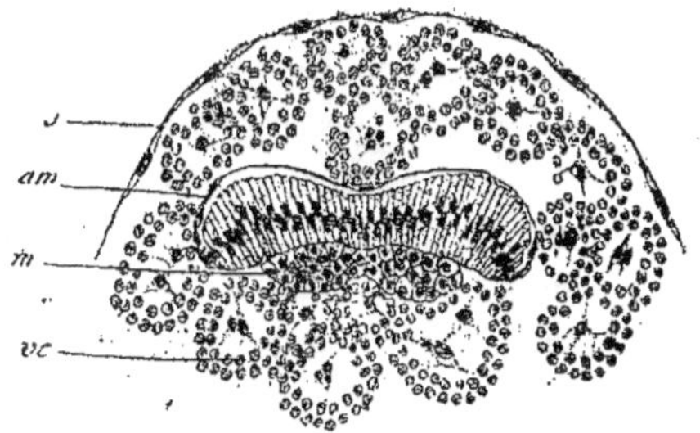

Fig. 19. — Coupe transversale d'un œuf au dix-huitième jour du développement automnal.

m, mésoderme, *am*, amnion, *s*, séreuse.

et les vertèbres permanentes chez les Vertébrés. Voilà pourquoi je pense que Balfour a tort en soutenant dans son *Traité d'Embryologie* que les segments (somites) du mésoderme correspondent aux anneaux du corps.

Nous nous bornerons pour le moment à cet exposé du mode de développement du mésoderme, vu qu'en avançant nous serions obligés de parler du développement des organes, ce qui ne constitue pas le sujet de ce chapitre. Nous avons vu la manière dont se forment les trois couches

embryonnaires chez notre insecte et la façon dont se préparent les matériaux pour la construction de ses organes. Avant de passer à la description du développement de ces derniers, il est indispensable de suivre les
changements extérieurs que subit l'embryon depuis son origine jusqu'à
sa sortie de l'œuf, pour pouvoir, en décrivant le développement des organes (dans un des chapitres suivants), adapter la description de ce développement aux différents stades, en tant qu'il est possible d'en faire la
distinction d'après leurs transformations extérieures.

APERÇU HISTORIQUE. — Nous avons déjà appris à connaître au chapitre II le développement de la bandelette germinative dans ses stades les
plus précoces. Nous avons vu qu'à une certaine époque le blastoderme
commence à se différencier en deux parties, dont l'une en se rétrécissant
forme une lamelle de plus en plus dense, dont l'autre se transforme
peu à peu en épithélium plat, qui sert à former les enveloppes embryonnaires. Les embryologues postérieurs, ainsi qu'il a déjà été mentionné,
ont beaucoup simplifié l'explication du mode dont la bandelette germinative se délimite du blastoderme ; d'après ces auteurs, la bandelette
germinative n'est que le résultat d'une différenciation histologique d'une
certaine partie du blastoderme (une transformation des cellules plates et
basses en cellules étroites et hautes), pour ainsi dire sans aucun changement mécanique du blastoderme même. Il est évident que le motif d'une
telle explication, heurtant de front les observations antérieures opérées sur
des sujets vivants, est le résultat d'une observation défectueuse. Il est
incontestable que la bandelette germinative, avant de prendre la forme
allongée vermiculaire, qui sur les dessins des embryologues modernes
représente les premiers stades du développement de cette bandelette, est
déjà le résultat d'une série de transformations qui ont eu lieu après la
délimitation de la bandelette germinative du reste du blastoderme. Passons
donc à l'examen des changements extérieurs qui s'opèrent chez l'embryon
du ver à soie, durant son séjour dans l'œuf, depuis la première apparition de la bandelette germinative, et voyons quels rapports existent
entre les données que nous aurons trouvées et les connaissances déjà
acquises, relativement aux Lépidoptères et aux insectes en général.

C'est à Hérold que nous devons les premières observations détaillées
sur la formation de la bandelette germinative chez les insectes, et précisément chez les Lépidoptères. Dans ses *Disquisitiones*, cet auteur
décrit avec une grande précision les changements extérieurs que subit

l'embryon. Hérold a fait une partie de ses observations entre autres sur le *Bombyx mori*, mais sur des stades de développement relativement avancés. Quant à l'origine primitive de la bandelette germinative (que Hérold désigne comme blastoderme) nous trouvons sous ce rapport chez lui des indications concernant le *Sphynx ocellata (l. c.,* pl. VIII, XI). D'après Hérold, ce papillon ainsi que tous les autres Lépidoptères et les Coléoptères se distinguent des Diptères par la formation du blastoderme dans l'intérieur du vitellus. Évidemment Hérold est arrivé à cette conclusion en s'appuyant sur des stades avancés, et, à juger d'après les dessins très exacts des périodes récentes de son blastoderme (c'est-à-dire de la bandelette germinative des auteurs postérieurs), il est indubitable que l'auteur a déjà suivi la métamorphose de cette bandelette à la surface de l'œuf. En effet, dans le cours de sa description Hérold nous apprend que, tout le long du bord blastodermique, apparaît un pli qui grandit de plus en plus et finit par couvrir tout le blastoderme. Hérold voit dans celui-ci la partie ventrale du corps embryonnaire *(Bauch-platte)*, et dans le pli mentionné qui le couvre et l'enveloppe définitivement plus tard la partie dorsale *(Rückenplatte)*. Mais il est évident que ce pli est l'amnion. Hérold rapporte la délimitation du blastoderme, délimitation qui s'opère à la température de 20-23° C., à la quinzième heure après la fécondation. La bandelette germinative apparaît sous la forme d'une lamelle quadrangulaire à bords arrondis ; sa position est facile à déterminer, parce que sa partie médiane repose sur la côte de l'œuf ; tandis que, des deux côtés, la bandelette germinative dépasse de beaucoup le centre, s'étendant sur les flancs larges de l'œuf. Les deux pôles de celui-ci ne sont pas recouverts par la bandelette germinative. En somme, cette dernière est plus large que longue. En examinant les dessins de Hérold, on peut remarquer que, dans le cours du développement de la bandelette germinative, le rapport entre ses diamètres éprouve une modification : elle gagne de plus en plus en longueur à mesure qu'elle s'approche du pôle, surtout du pôle antérieur.

Telles sont les observations de Hérold. Les auteurs postérieurs n'ont fixé leur attention ni sur ces observations, ni sur les processus embryonnaires mêmes qui en avaient servi d'objets. Il s'ensuit que le stade, ou le blastoderme, sous la forme d'un épithélium plat et fermé, enveloppe l'œuf, passe subitement au stade, où se trouve déjà, au centre de ce blastoderme invariable, l'embryon vermiforme, dont le tissu passe dans le tissu des enveloppes embryonnaires. Malheureusement les observations de Hérold sur les périodes récentes du développement de la bandelette germinative ne vont pas au delà de ce que je viens d'exposer plus haut, et le passage de cette bandelette sous la forme d'une large lamelle s'étendant à la surface de l'œuf, vers l'embryon vermiforme, restait néanmoins inconnu ; en exposant mes propres observations, je fournirai quelques données complémentaires. — L'intérêt principal concernant le sort futur de l'embryon se concentre sur sa division en segments définitifs et la formation des extrémités. Kölliker nous donne à ce sujet des détails insuffisants. Ce qui nous intéresse, c'est l'ordre établi par cet auteur au sujet des annexes du corps chez le *Chironomus*. D'abord se forment le labre et la lèvre inférieure (c'est-à-dire les maxilles de la deuxième paire), là-dessus les antennes, les mandibules et la première paire des maxilles. Zaddach (pour le *Mystacides)* n'admet pas que la bandelette germinative surgisse d'emblée et croisse ensuite par sa masse entière ; il suppose au contraire *(l. c.,* §§ 7 et 8) que d'abord se forment les parties céphaliques et pectorales et que la portion abdominale ne s'y joint que plus tard comme appendice. Le segment mandibulaire qui donne naissance aux mandibules sous la forme de deux excroissances des bourrelets embryonnaires apparaît le premier. Là-dessus les cinq segments suivants se délimitent simultanément : les deux maxillaires et trois pectoraux avec les extrémités correspondantes. Par rapport à la croissance ultérieure des extrémités céphaliques et du corps, Zaddach signale la différence entre les premiers qui croissent en dehors, et les secondes qui poussent en dedans, à la rencontre l'un de l'autre. L'abdomen contient d'après cet auteur dix segments. Relativevement à la lèvre inférieure, Zaddach, se basant sur ses observations personnelles, émet l'opinion suivante : la deuxième paire de maxilles n'entre pas entièrement dans la formation de la lèvre inférieure permanente ; les anneaux terminaux seuls de ces maxilles se transforment en palpe inférieure de la lèvre inférieure qui par elle-même est une formation tout à fait indépendante, se développant aux dépens d'une certaine portion des bourrelets embryonnaires, tandis que les anneaux basaux de la deuxième paire des maxilles entrent, d'après Zaddach, complètement dans la formation des muscles mouvant la lèvre (cette supposition ne doit pas nous étonner si l'on se rappelle l'opinion de l'auteur, que les bourrelets embryonnaires représentent les dérivés de son *Muskelblatt).* Weismann, contrairement à Kölliker, a démontré pour les Diptères que les anneaux du corps de la larve se délimitent assez tard, précisément après la formation des antennes, des mandibules et des trois paires de maxilles. Quant à la lèvre inférieure, cet auteur soutient qu'elle est le résultat de la soudure des maxilles de la deuxième paire *(l. c.,* p. 138), mais en tirant une conclusion générale, il dit : la formation que nous avons jusqu'à présent désignée généralement du nom de lèvre inférieure n'est pas la même partout. Metschnikoff a signalé pour les Aphides vivipares la formation antérieure aux autres annexes du corps de trois paires d'extrémités pectorales et de la deuxième paire des maxilles. « Il se peut, dit-il, que les autres parties de la bouche surgissent simultanément avec les maxilles, mais les antennes apparaissent en tous les cas plus tard. »*(L. c.,* p. 449 et 450). Melnikoff[1] prétend que chez les Coléoptères *(Donacia)* les trois segments du thorax se développent avant les autres segments du corps; plus tard, les segments céphaliques d'arrière en avant. Kowalevsky a trouvé pour les *Hydrophilus* que la segmentation du corps commence très tôt, déjà bien avant la clôture du sillon primitif (évidemment il y a ici confusion des segments mésodermiques avec les segments permanents du corps). Le plus grand nombre de segments qu'on ait trouvé chez les *Hydrophilus* comprend celui de dix-huit. Les extrémités apparaissent simultanément sur les premiers anneaux jusqu'au premier anneau abdominal, à l'exception peut-être des antennes, dont le développement semble être un peu en retard. Il se forme en même temps, l'orifice buccal, et un peu plus tard les sept premiers stigmates et l'orifice anal. Chaque stigmate est entouré d'un bourrelet qui, dans le cours de son développement, s'aplatit à la face externe du corps, mais devient, en revanche, plus épais à sa face interne ; chaque bourrelet peut être considéré comme le rudiment d'une extrémité abdominale, vu que ces bourrelets sont disposés sur la ligne des extrémités et ne se trouvent que sur les segments dépourvus d'extrémités véritables. Nous trouvons fort peu de données chez Kowalevsky par rapport aux Lépidoptères ; à juger néanmoins par ses dessins, on pourrait supposer que l'auteur a vu chez les embryons de ses insectes dix-sept segments, dont chacun, à une certaine époque, est pourvu d'une paire d'extrémités. Kowalevsky ne donne pas d'explication de la figure 10, planche XII, de ses *Embryologische Studien,* mais il y représente la lèvre inférieure de l'embryon correspondant tout à fait au rudiment pair de la labre. Par rapport à l'*Apis mellifica,* Bütschli ne peut indiquer ni le nombre des

---

[1] N. Melnikoff : Beiträge zur Embryonalentwickelung der Insecten *(Arch. f. Naturgeschichte,* 1869.

segments, ni le temps, ni le mode de leur formation, mais il fait remarquer que leur nombre définitif comprend dix-sept segments. Quant à
l'époque de l'apparition des stigmates et des extrémités, nous apprenons que : 1° les uns et les autres apparaissent après le revêtement
complet de l'embryon par l'amnion, et les stigmates avant les extrémités,
au nombre définitif de dix *(l. c.*, p. 536), et 2° que chaque segment est
pourvu de sa paire d'extrémités. J'indiquerai, à cet endroit, encore deux
faits qui ont été observés par Bütschli dans l'*Histoire du développement
de l'abeille :* 1° du côté latéral des mandibules, l'auteur décrit deux
prolongements qu'il identifie à la deuxième paire des antennes, et 2° au
bord postérieur de la deuxième paire des maxilles, Bütschli dit avoir
trouvé un orifice qu'il considère comme le stigmate du premier anneau
thoracal, dépourvu ici d'un orifice trachéal véritable. Je ne puis admettre
aucune de ces explications, comme j'aurai l'occasion de le démontrer en
relatant mes observations personnelles.

La littérature nous donne fort peu de renseignements sur les modifications extérieures que subit l'embryon du ver à soie pendant son séjour
dans l'œuf. Il n'y a que les trois ouvrages d'Hérold, de Cornalia et de
Maestri qui peuvent, sous ce rapport, fixer notre attention ; mais dans
les monographies détaillées même de ces derniers auteurs quelques pages
seulement sont consacrées à l'histoire du développement, et les observateurs italiens ont fort peu ajouté à ce qui était déjà connu d'Hérold. Ce
dernier consacre les planches VI et VII de ses *Disquisitiones* à l'em-
bryogénie du *Bombyx mori*. Néanmoins si l'on se rappelle que Hérold
émet directement ses préventions concernant l'emploi du microscope composé, dans l'examen embryologique des insectes, il sera évident que
même dans ses observations, faites pourtant avec le plus grand soin, nous
trouverons peu de données qui satisfassent les exigences contemporaines.
Il est impossible cependant de ne pas lui rendre justice : tout ce qu'on
peut voir à l'aide de la loupe est représenté par l'auteur avec une exactitude remarquable et si artistement que, même dans la littérature con-
temporaine, il est difficile de trouver d'aussi beaux dessins que ceux des
planches VI et VII de l'ouvrage mentionné. Voici pourquoi je considère
de mon devoir de rapporter ici la substance des données concernant
l'histoire du développement du ver à soie, acquises par Hérold. Sur la
planche VI, l'auteur nous représente les modifications que subit l'œuf
fécondé du ver à soie dans les premiers jours du développement d'au-
tomne, et certains stades d'un œuf en voie de développement d'hiver.

La planche VII nous offre les mêmes stades de l'œuf non fécondé, mais en voie de développement, et, ajoutons de notre côté, ne différant essentiellement en rien des premiers. Hérold avait déjà remarqué que, dès le premier jour, les granulations vitellines commençaient à former des groupes, dont les limites n'étaient pas encore bien tranchées. Évidemment nous devons y sous-entendre la première germination de cellules vitellines, dont le développement graduel peut être parfaitement bien suivi sur les figures des deux tableaux ci-mentionnés de son ouvrage ; nous trouvons une excellente reproduction de ces cellules sur les figures XIII, XIV, XV (pl. VI), et IX, XI, et d'autres (pl. VII) : dans chacune de ces cellules nous voyons aussi un point clair (où se trouve, comme on le sait, un ou plusieurs noyaux, entourés de protoplasma), tout à fait pareil à celui que représentent les dessins des auteurs contemporains. Au troisième jour du développement, Hérold décrit l'apparition du réseau pigmentaire (c'est-à-dire, pour employer les termes usités de nos jours, l'apparition de pigment dans la séreuse) ; il nous offre à cette occasion d'excellents dessins de la séreuse pigmentée pendant les premiers jours du développement et durant l'hiver, et confirme le changement de coloration qu'avait déjà observé Malphigi. Hérold a vu au cinquième jour les premiers vestiges de l'embryon, mais il ne nous donne pas de description exacte de sa forme extérieure, puis qu'il n'a pas réussi à voir un embryon non endommagé par le mode de préparation. Au sixième jour, Hérold a été en état de constater la présence d'un bout large, céphalique, et d'un bout plus étroit, caudal. L'auteur nous donne aussi la description et l'image de l'embryon au milieu de l'hiver. Conformément à sa description, l'embryon est pourvu d'une partie élargie céphalique *(Kopfstück)*, et de douze anneaux du corps ; sur les trois premiers anneaux, l'auteur représente les rudiments des pattes (pl. VI, fig. 24, et pl. VII, fig. 19).

Cornalia, dont la monographie, comme il en a été fait la remarque, n'a pas eu pour objet l'histoire du développement du ver à soie, ajoute fort peu aux observations d'Hérold. Il a vu les premiers vestiges de l'embryon du sixième jour. Il ne nous donne pas la description de la structure de la bandelette germinative ; il nous dit seulement que celle-ci ne se délimite de la masse du vitellus que par des cellules vitellines (sphères vitellines), et plus tard par une membrane mince cellulaire. A la moitié de l'hiver se délimitent chez l'embryon la tête, les anneaux thoraciques avec leurs extrémités, et les anneaux abdominaux. Un embryon de ce stade est représenté sur la figure 119 *bis* (pl. IX) de la monographie. Il faut ajouter à ceci que le Musée polytechnique de Moscou possède une collection de modèles concernant l'histoire du développement du ver à soie reçue de Cornalia et, selon toute probabilité, faite d'après les dessins de Maëstri (voir la remarque correspondante à ce chapitre). Cette collection comprend une série de modèles représentant les modifications extérieures de l'œuf et certains stades de développement de l'embryon; trois modèles représentent la position de l'embryon dans l'œuf, trois autres modèles, l'embryon extrait de l'œuf; l'un de ces stades représente l'embryon encore dépourvu d'extrémités, les deux autres, avec un nombre complet d'extrémités. La formation de la tête n'est pas reproduite sur ces modèles : là elle paraît de même que nous l'avons vu chez Hérold, surgir, pour ainsi dire, d'emblée, comme une formation dépourvue d'anneaux; ses appendices ne sont reproduits que chez la larve déjà sortie de l'œuf.

LES STADES PRÉCOCES DE LA BANDELETTE GERMINATIVE CHEZ LE « BOMBYX MORI. » — Après cette introduction historique assez détaillée, je passe à mes observations personnelles sur les changements extérieurs de l'embryon du ver à soie dans l'œuf. Je n'ai pas réussi à saisir, chez le *Bombyx mori*, la forme initiale la plus précoce de la bandelette germinative, forme

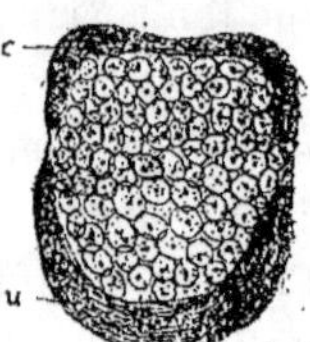

FIG. 20. — Embryon de 51 heures de développement.

dont Hérold nous donne une description détaillée pour le *Sphynx ocellata:* d'un côté l'opacité des œufs, de l'autre, la fragilité du blastoderme durci de la période correspondante de développement, ont gêné mes observations. Je suppose pourtant que cette forme est analogue à celle décrite par Hérold. Il faut nous rappeler que, d'après cet auteur, la bandelette germinative embrasse, au moment de sa naissance, la plus grande partie de l'œuf. La même chose se produit évidemment chez le ver à soie, comme nous le démontre la figure 11 du texte, représentant une coupe transversale de l'œuf. Dans le cours de son développement, la bandelette germinative se rétrécit de plus en plus, comme il a déjà été fait mention, et finit par adopter la forme représentée sur la figure 20. On voit que durant ce stade, la bandelette germinative occupe environ la même étendue en long et en large. Peu à peu cependant le diamètre longitudinal commence à prédominer, quoiqu'il ne se produise pas de croissance proprement dite, mais un allongement dans un sens et un rétrécissement correspondant dans le sens transversal, ce qui devient évident en comparant la surface occupée par l'embryon d'un stade précoce avec celle occupée par l'embryon d'un stade avancé ; deux stades semblables sont reproduits par les figures 20 et 21. A peine la bandelette germinative commence-t-elle à s'étendre dans le sens lon-

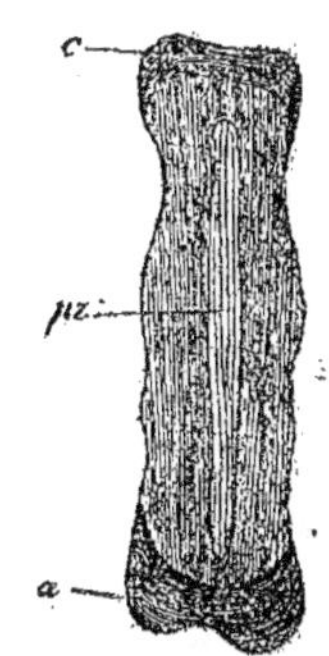

Fig. 21. — Embryon de 66 heures.

Fig. 22. — Embryon de 72 heures.

gitudinal, qu'à sa région médiane se dessine le sillon primitif qui bientôt après commence à se clore. Cette clôture, à en juger d'après les coupes, paraît se produire par segments, et commence environ à l'endroit du thorax futur de l'embryon. La figure 22 nous donne l'idée d'un embryon de trois jours, pourvu d'un sillon primitif encore ouvert. Plus tard, quand il se sera fermé, et que le mésoderme se sera désagrégé en segments, ses segments commencent à luire à travers l'ectoderme et il pourrait sembler que nous avons devant nous les segments définitifs du corps embryonnaire. Mais en réalité cela n'est pas : les segments définitifs du corps ou ses anneaux ne deviennent visibles qu'à ce moment de la délimitation du système nerveux, c'est-à-dire qu'à la période du développement printanier. La figure 23 du texte nous représente le début d'une telle délimitation d'anneaux.

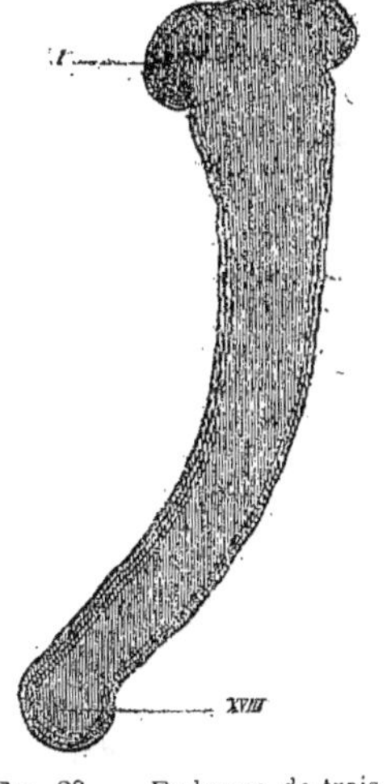

Fig. 23. — Embryon de trois jours, du développement printanier.

Ainsi que je l'ai observé plus haut, il était pour moi d'un vif intérêt d'éclaircir le rapport qui existe entre les anneaux du corps et les segments du mésoderme. L'examen de coupes et de profils d'embryons, analogues à ceux repro-

duits par la figure 23, nous apprend que les segments mésodermiques
ne se sont pas encore fusionnés en une masse continue et que les dépressions de l'ectoderme qui apparaissent à ce moment et qui indiquent les
limites des futurs anneaux, ne correspondent pas aux interstices des

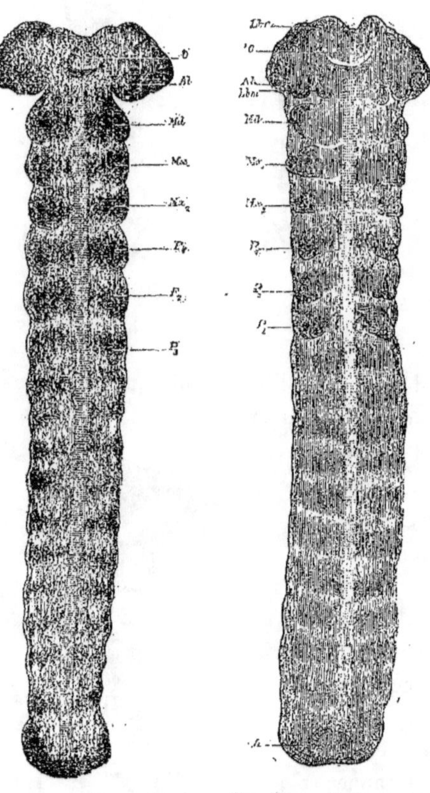

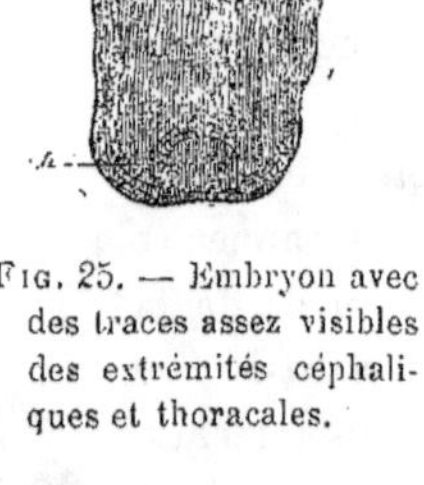

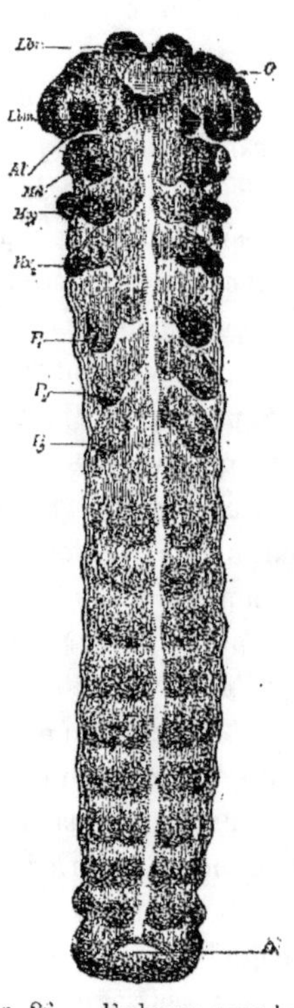

Fig. 24. — Embryon avec
les premières traces des
extrémités.

Fig. 25. — Embryon avec
des traces assez visibles
des extrémités céphali-
ques et thoracales.

Fig. 26. — Embryon avec les
extrémités abdominales et
avec les stigmates visibles.

Lbr, Lèvre supérieure, *o*, ouverture buccale, *at*, antennes, *Lbn*,
lèvre inférieure vraie, *Md*, mandibule, *Mx₁*, 1° p, de maxilles, *Mx₂* ;
— 2ᵉ p, de maxilles, *P₁*, *P₂*, *P₃*,
pattes thoracales, A, anus.

segments mésodermiques, mais alternent avec ceux-ci, c'est-à-dire nous
le répétons, que les segments du mésoderme et les anneaux (les segments
définitifs) du corps se trouvent entre eux dans le même rapport que les
vertèbres primitives et les vertèbres permanentes des vertébrés.

DÉMARCATION DES SEGMENTS ET DES EXTRÉMITÉS. — Quel est le nombre des anneaux chez notre insecte? Nous avons vu que les indications de divers auteurs, concernant les différents insectes, varient. Ni Hérold, ni Cornalia ne nous apprennent rien sous ce rapport à l'égard du ver à soie. D'après mes préparations, le nombre d'anneaux au moment même de leur apparition, est celui de dix-huit ; le premier anneau forme ce que l'on nomme les lobes céphaliques ; le dix-huitième anneau est analogue au premier et constitue aussi des lobes, que nous nommerons caudaux. Ces lobes caudaux se développent d'abord simultanément avec les lobes céphaliques, ainsi qu'on peut le voir sur les dessins précédents et paraissent même pendant quelques temps plus développés que les céphaliques (fig. 22). Plus tard, il tardent de plus en plus dans leur évolution et finissent par entrer presque entièrement dans la formation de la dernière paire des fausses pattes de la larve, laquelle, comme on sait, ne possède que neuf segments abdominaux dont le dernier, comme j'ai pu m'en convaincre, présente le résultat de la fusion des 16-18 anneaux embryonnaires.

A peine les anneaux du corps se sont-ils délimités que les extrémités se forment. La figure 24 du texte, nous donne une idée de ce stade. Nous voyons ici des antennes très prononcées *(At)*, annexes des lobes céphaliques ; quant au reste des extrémités qui représentent les trois paires d'anneaux céphaliques et les trois paires d'appendices thoraciques, ils ne se montrent que sous la forme de petits tubercules. Cependant, en examinant attentivement les préparations, on peut se convaincre que les rudiments des extrémités sont d'autant moins exprimés, qu'ils s'éloignent davantage du bout antérieur. J'en conclus que la délimitation des extrémités commence par le bout antérieur, et que la première paire d'extrémités qui apparaît sont les antennes ; la deuxième, les mandibules, etc. Simultanément avec la formation des extrémités, on remarque dans leurs interstices l'apparition du sillon nerveux, sous la forme d'une rainure claire (sur les préparations colorées et éclaircies) et de l'orifice buccal (O). Le stade suivant est représenté sur la figure 25. Nous voyons ici l'apparition de l'orifice anal (A) et de deux paires d'appendices au-dessus et au-dessous de l'orifice buccal. Ces appendices symétriques, quant à l'époque de leur apparition, n'ont, comme on le voit, rien de commun avec les extrémités de la région céphalique et représentent évidemment par leur position et leur développement ultérieur, la labre et la lèvre inférieure. Le dernier de ces termes, sans doute, n'est pas employé ici dans le sens entomologique ordinaire ; mais nous y reviendrons encore. La figure 26 nous offre un stade avec deux formations nouvelles : sept stigmates qui apparaissent peut-être simultanément, peut-être aussi l'un après l'autre sur les anneaux de l'abdomen, depuis le deuxième jusqu'au huitième, et les extrémités abdominales, bien visibles sur tous les anneaux abdominaux, à l'exception du premier. Je n'ai pas réussi à observer si le rudiment de l'extrémité et le bourrelet entourant plus tard le stigmate, constituent un tout, ainsi que l'affirme Kowolevsky pour l'*Hydrophilus*. Au contraire, j'ai toujours vu que les bourrelets qui entourent les stigmates ne deviennent également visibles à la région du thorax comme à celle de l'abdomen que quelque temps après la délimitation des extrémités. Immédiatement après apparaissent trois nouvelles paires de stigmates, dont deux seulement représentent de véritables orifices trachéaux ; une paire qui apparaît sur le premier anneau abdominal et une autre sur le premier anneau thoracal ; quant à la troisième paire, qui se produit sur le deuxième anneau maxillaire, elle ne présente que les deux orifices des deux glandes séricigènes encore séparées. Ces deux orifices apparaissent d'abord derrière chaque maxille de la deuxième paire, et en les contournant graduellement finissent par occuper la position indiquée sur la figure 27 *(Sr)*. Cette figure nous représente le dernier stade, dans lequel la tête est encore visiblement composée de quatre anneaux et l'abdomen de onze. Les figures 28 et 30 nous représentent le mode dont s'opère la diminution progressive des anneaux de l'embryon. Cette diminution s'effectue simultanément sur deux pôles : sur le pôle antérieur quatre segments se fusionnent pour former la tête et trois segments du pôle postérieur pour former l'anneau caudal.

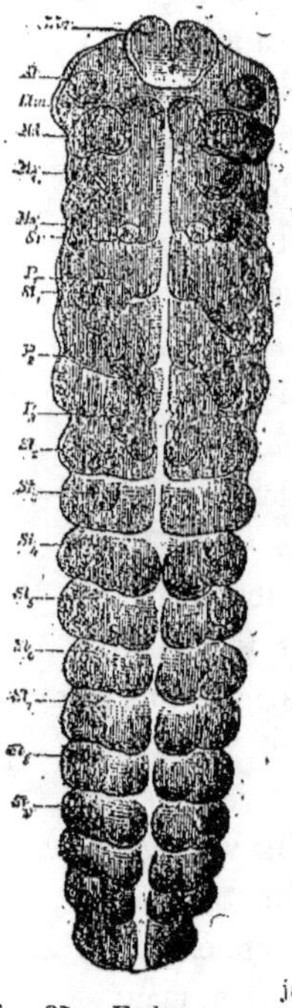

Fig. 27.—Embryon au neuvième jour du développement printanier.

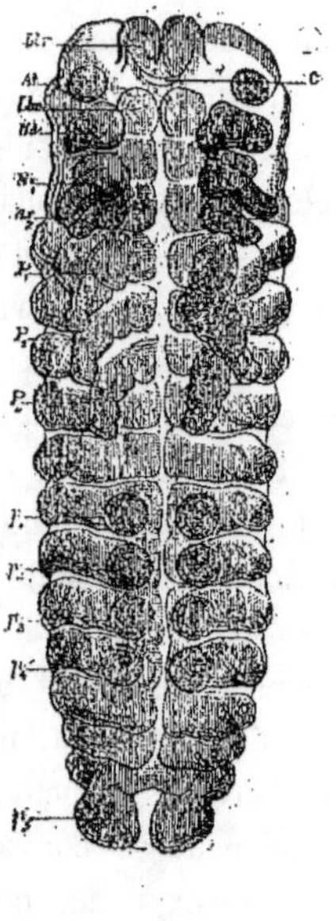

Fig. 28. — Embryon au onzième jour.

St_1, St_2, stigmates; P_1, P_3, jambes thoracales ; p_4, p_5, pattes abdominales.

La fusion des anneaux céphaliques s'opère, ainsi que nous l'avons dit, tout à fait graduellement : nous voyons sur la figure 28 que les deux éléments de la lèvre inférieure *(Lbm)* sont encore situés au-dessus des mandibules *(Md)*, sur la figure 29, ils se trouvent déjà au niveau de ces dernières. D'un autre côté, le déplacement des extrémités s'effectue aussi dans la région de la tête : sur la figure 28, la deuxième paire des maxilles se trouve immédiatement au-dessous de la première paire *(M₁x et M₂x)*; sur la figure 29, elle s'est déjà considérablement avancée vers le haut et vers l'intérieur ; sur la figure 30, la base de la deuxième paire se trouve déjà au niveau de la base de la première paire. En même temps les limites des anneaux isolés qui servaient à constituer la tête s'effacent peu à peu. En comparant les mêmes figures, nous voyons aussi la tête devenir graduellement plus mince, en même temps que certains éléments pairs, savoir : la labre et la lèvre inférieure *(L b m)* ainsi que la deuxième paire des maxilles se fusionnent. La figure 30 est très instructive sous ce rapport ; nous y voyons que la deuxième paire des maxilles se touchent

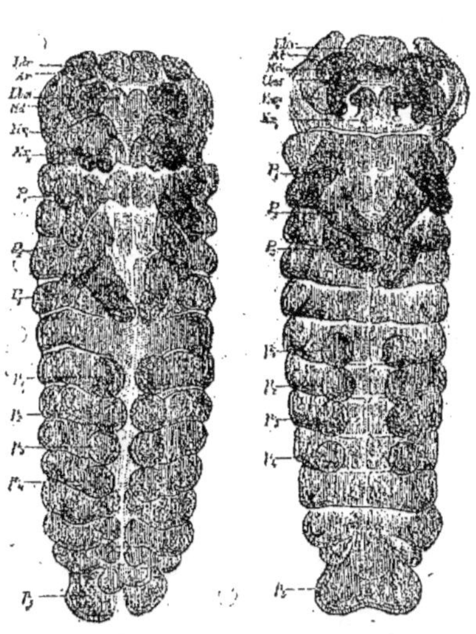

Fɪɢ. 29 et 3). — Embryon au treizième jour.

Lbr, Lèvre supérieure, *Lbm*, lèvre inférieure vraie. *Md*, mandibules, *Mx₁*, *Mx₂*, maxilles de la première et de la seconde paire, *P₁*, *P₃*, pattes thoracales, *p₁*, *p₅*, pattes abdominales, *Sr*, ouverture de la glande séricigène.

à leur base, au-dessous de laquelle on aperçoit l'orifice triangulaire de la glande séricigène, à peine formé par la fusion des deux orifices séparés que nous avons vus sur la figure 27. Je n'ai pas réussi à suivre aussi graduellement la fusion des trois anneaux postérieurs. Ainsi que je l'ai déjà indiqué, le dernier, c'est-à-dire le dix-huitième segment, entre dans la formation de la dernière paire des extrémités abdominales qui forment, pour ainsi dire, des appendices du dix-septième anneau qui, à son tour, se fusionne avec le seizième. A l'égard de la marche du développement des extrémités, les dessins nous en donnent une idée assez claire, et je me bornerai à ajouter quelques remarques. La délimitation des anneaux des extrémités s'opère du sommet à la base. Le bout primitif de l'extrémité du premier anneau maxillaire se transforme définitivement en palpe ; tandis que le rameau principal de l'extrémité se développe relativement tard et apparaît au commencement sous la forme d'un appendice massif tétraédrique du côté médial de la palpe future. Les extrémités abdominales, qui se délimitent ainsi que nous l'avons observé sur tous les anneaux de l'abdomen à l'exception du premier, n'existent à un nombre complet que fort peu de temps : les cinq paires

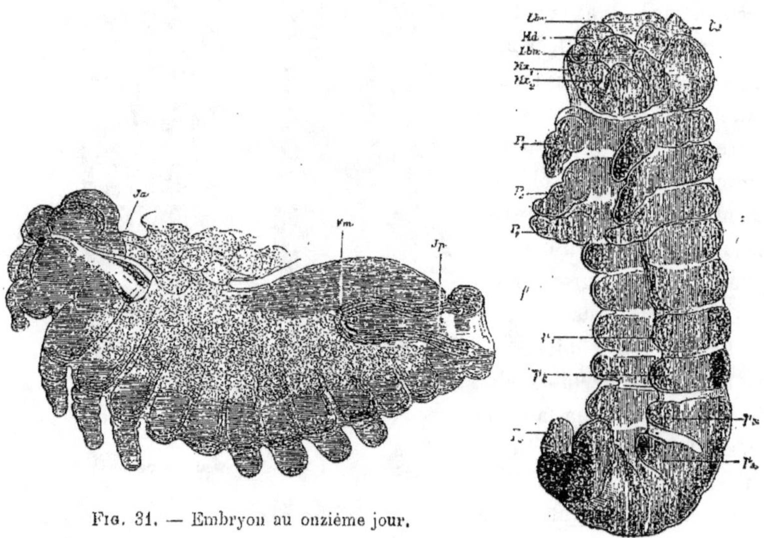

Fig. 31. — Embryon au onzième jour.

Ia, Intestin antérieur, *Ip*, intestin postérieur, *Vm*, germe des vaisseaux de Malpighi.

Fig. 32. — Embryon de treize jours.

d'extrémites appartenant aux 3e-6e et au 9e anneaux (ou bien prenant en considération le nombre primitif des anneaux de l'abdomen, le onzième) commencent à se développer rapidement, tandis que les autres disparaissent insensiblement dans la masse de l'hypoderme embryonnaire.

FORMATION DU CÔTÉ DORSAL. — Une fois que les appendices extérieurs du corps auront pris la forme et la position indiquées sur la figure 30, commence la rotation de l'embryon accompagnée d'un autre processus important : la formation du côté dorsal de l'embryon. Les deux processus s'opèrent chez le ver à soie d'une manière si simple qu'il suffit d'en dire quelques mots. En ce qui concerne la formation de la région dorsale, il suffit de comparer la figure 34 avec celles représentant les coupes longitudinales de stades plus précoces (voir les coupes représentées par les figures 17, 40 et 41) pour se convaincre que le tout se résume ici à un rétrécissement progressif de la racine de l'amnion. Au début, cette racine présente un diamètre d'une épaisseur considérable et s'étend depuis les lobes céphaliques jusqu'à l'orifice anal ; maintenant (fig. 34) elle est assez mince pour être à bon droit nommée l'ombilic, comme le fait Dorn. Nous voyons en même temps que tout le revêtement dorsal de l'embryon est constitué à cette époque par un épithélium plat qui ne diffère en aucune manière de celui de l'amnion. Peu à peu, l'ombilic devient de plus en plus étroit, jusqu'à ce qu'enfin il disparaisse complètement, et alors l'embryon se trouve logé dans une double membrane, dans celle de l'amnion complètement clos maintenant, et dans celle de la séreuse, entre lesquelles demeure un reste de vitellus inactif, dans lequel les limites cellulaires ne peuvent être que difficilement distinguées. La figure 31 représente le dernier stade du développement de l'embryon avec sa face ventrale convexe. Immédiatement

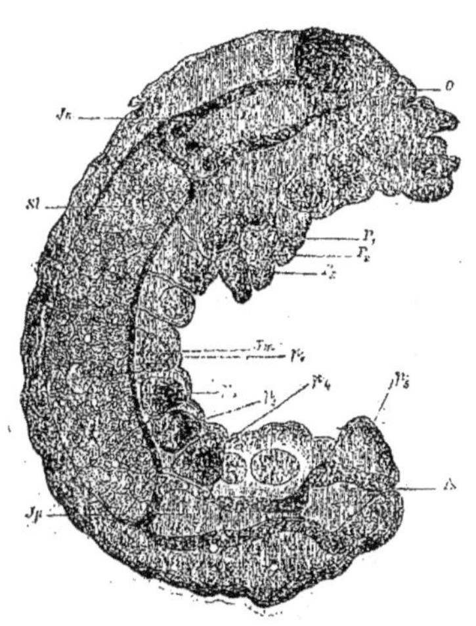

Fig. 33. — Embryon de quatorze jours.

O, Ouverture buccale, A, anus, *In*, *Im*, *Ip*, intestin antérieur, moyen et postérieur.

après, l'embryon commence à changer de position dans l'œuf : la tête se renverse de plus en plus en arrière de façon à former, à un moment donné, un angle presque droit avec le thorax. En même temps la portion caudale commence à se recourber peu à peu vers le côté ventral (fig. 32), c'est-à-dire qu'elle prend une direction opposée à celle de la tête. Je ferai pourtant observer que la position de l'embryon, relativement aux pôles de l'œuf, reste la même, et que la tête de la larve se trouve située au-dessous du micropyle du chorion. La figure 33 nous représente l'embryon avec la surface dorsale complètement achevée, sur laquelle l'ombilic a l'aspect d'un appendice insignifiant situé en face de la conjonction de l'intestin intérieur *(I a)* et l'intestin moyen *(I m)* encore incomplètement formé.

Conclusion. — Avant de terminer ce chapitre, je crois nécessaire de faire quelques observations générales concernant les modifications extérieures de l'embryon de l'insecte dans l'œuf. En comparant les investigations étrangères avec les miennes, j'arrive avant tout à la conclusion que, d'après les données dont nous disposons pour le moment, nous ne pouvons pas encore démontrer l'existence d'un nombre déterminé d'anneaux primitifs du corps chez l'embryon de l'insecte. Il est pourtant fort probable que ce nombre est soumis à des variations à peine sensibles, selon les ordres des Hexapodes. Balfour, dans son *Traité d'Embryologie*, est prêt à admettre seize segments comme nombre typique et croit qu'en littérature on ne trouve point d'indications qui parlent en faveur d'un nombre plus considérable d'anneaux chez l'embryon[1]. Mais c'est une erreur. Zaddach décrit et représente chez les Mystacides dix segments abdominaux *(l. c , p. 35-38)*; en comptant, par conséquent, trois segments dans la région thoracale, et pas moins de quatre pour celle de la tête, nous trouvons dix-sept segments. Kowalevsky nous donne les mêmes indications pour les Lépidoptères *(l. c.,* fig. 10, pl. XII). Quant à moi, je suis porté à n'admettre pas moins de dix-huit segments primitifs chez l'embryon des Lépidoptères et je pense que Kowalevsky aura vu le même nombre, car en examinant sa figure 10, planche XII, il est facile de se convaincre que le dernier anneau ne s'y trouve pas représenté, évidemment parce qu'il se sera recourbé sur la partie dorsale; cette supposition est inévitable si l'on compare la figure 10 avec la figure 8 de la même planche, sur laquelle on voit très clairement les lobes caudaux, invisibles sur la figure 10, lobes qui donnent, comme on le sait, naissance à la dernière paire des extrémités abdominales. Je viens de dire que je n'admets pas moins de dix-huit segments primitifs du corps de l'embryon chez les Lépidoptères, car nous avons lieu d'admettre, comme nous le verrons en faisant la description du développement du système nerveux, l'existence de deux nouveaux segments céphaliques, c'est-à-dire d'admettre sa composition non de quatre, mais de six segments; par conséquent, le nombre primitif des anneaux du corps ne comprendrait pas dix-huit, mais vingt, comme chez les crustacés supérieurs.

La question des homologies des parties buccales chez les insectes n'est pas sans intérêt pour l'*Embryologie*. On sait que la théorie d'Oken et de Savigny, concernant les parties buccales des insectes, n'ont pas trouvé

---

[1] Balfour, *Traité*, p. 386.

de soutien sérieux dans les travaux embryologiques. Néanmoins, ces derniers, malgré leur défaut de liaison, nous ont montré que la théorie mentionnée étant sans aucun doute juste en général, ne doit être appliquée qu'avec beaucoup de réserve dans chaque cas spécial (Zaddach, Weismann). Déjà Huxley a démontré que les quatre soies dans la trompe des Aphides ne sont pas le résultat de la métamorphose directe des mandibules et des maxilles de la première paire, mais sont des excroissances latérales de ces maxilles arrêtées dans leur développement par la croissance excessive des appendices buccaux de la troisième paire [1]. Les investigations de Metschnikoff nous conduisent encore plus loin : il s'ensuit qu'il n'y a rien de commun entre les soies de la trompe des Aphides adultes d'un côté, et de l'autre entre les mandibules et les maxilles de leur embryon [2]. Évidemment la même chose a lieu par rapport à la punaise de lit, *Acanthia lectularia*, comme le démontrent mes observations personnelles qui n'ont pas encore été publiées [3]. En son temps, j'ai aussi démontré qu'il est à peine possible de considérer comme mandibules chez les Lépidoptères adultes les formations que Savigny [4] prenait pour telles.

Nous venons de voir de ce qui précède que le développement des mandibules et de la première paire des maxilles chez la larve du ver à soie ne laisse aucun doute par rapport à la théorie généralement admise. Le développement de la lèvre inférieure, au contraire, exige quelques explications. Ainsi qu'il a été mentionné plus haut, Zaddach a fait la supposition que la masse de la lèvre inférieure chez les insectes procède des excroissances paires des bourrelets embryonnaires, excroissances découvertes par l'auteur sous l'orifice buccal, et que les maxilles de la deuxième paire ne servent qu'à former les palpes labiales. Mes observations ont cependant prouvé que cela n'a pas lieu chez le *Bombyx mori*, ici les excroissances paires, au-dessous de la bouche, correspondent, comme nous l'avons vu, aux deux éléments de la labre et constituent avec le temps une formation *sui generis*, que je désignerai sous le nom de *lèvre inférieure vraie* qu'il faut distinguer de la *lèvre inférieure fausse* qui se forme comme à l'ordinaire par la fusion de la deuxième paire de maxilles. Il est très probable que les embryons des autres Lépi-

---

Huxley, *On the agamic reproduction and morphology of Afis*, p. 224.

2 Metschnikoff, *Embryologische Studien an Insecten.*

3 Communiqué dans la séance du mois de mars de l'année 1882 à la section zoologique de la Société.

4 Travaux de la Société des amis des sciences naturelles, etc. (vol. **XXXVII**).

doptères sont aussi pourvus d'une lèvre inférieure vraie. En effet, Kowalevsky, sans en faire la description, la représente-t-il très distinctement chez le *Sphynx populi* (*l. c.*, fig. 10, pl. XII). Bütschli a suivi le développement de la lèvre inférieure vraie chez l'abeille, quoiqu'il donne à cette formation une autre signification ; il la considère comme extrémité correspondante à la deuxième paire des antennes chez les crustacés. Balfour, dans son *Traité*, partage aussi cette opinion. Remettant à un autre endroit la réponse à cette question : les excroissances labiales supérieures et inférieures peuvent-elles passer pour des extrémités, et si cela est, pour quelles extrémités? nous ferons remarquer que la découverte de Bütschli nous permet de faire encore une autre supposition : la lèvre inférieure vraie ne serait-elle pas un organe inhérent à tous les insectes, du moins pendant la vie embryonnaire? Il est fort probable que cet organe existe aussi chez beaucoup d'insectes adultes, quoique masqué par suite de sa position ; il se peut, par exemple, que chez les Orthoptères l'*hypopharynx*, au-dessous duquel s'ouvrent les glandes salivaires, ne soit autre chose que la lèvre inférieure en question.

Remarque. — Dans l'aperçu historique précédent des travaux concernant l'*Embryologie* du ver à soie, j'ai fait une omission que je me hâte de réparer. Nous trouvons quelques notions sur l'histoire du développement du *Bombyx mori* déjà chez Maestri[1] dans la deuxième partie de son grand ouvrage sur le ver à soie (*l. c.*, pp. 6-21). Ces notions sont, à la vérité, insuffisantes, vu que l'auteur, à défaut de moyens d'investigation, s'est borné à étudier les transformations extérieures de l'œuf et de son contenu en étendant celui-ci sur le porte-objet et en l'examinant au microscope (il est vrai, à un grossissement de près de 500 diamètres) sans autres préparatifs. Le premier fait que Maestri constate dans l'histoire du développement du ver à soie, c'est l'apparition des deux dépressions sur les côtés larges de l'œuf, dépressions déjà connues de Malpighi ; l'auteur explique ce phénomène non comme le résultat de la contraction du vitellus, mais comme celui de l'évaporation du contenu de l'œuf. D'après le point de vue moderne sur le vitellus de l'œuf, une semblable explication ne peut être admise. Un second fait qui attire l'attention de l'auteur comprend le changement de coloration de l'œuf qui s'opère, selon lui, tout le temps du développement de la manière suivante :

[1] Angelo Maestri, *Frammenti anatomici, fisiologici et patologici sul baco da seta*, 1856.

le premier jour l'œuf passe graduellement du jaune citron à l'orange ;
les jours suivants l'œuf prend une coloration rouge grisâtre et devient
plus tard brun plombé ; à la fin de son développement l'œuf prend une
teinte blanchâtre. Nous citons ici les paroles de l'auteur : « L'uovo nei
giorni successivi (c. v. d. depuis le deuxième jour) assume una tinta
lionata indi un lionata rossiccio, poscia prende un colore rossiccio
tendente al cinereo indi si mostra di un colore piombino e diventa bruno,
ed in fine si fa bianchiccio. » L'auteur décrit le vitellus comme étant constitué d'albumen contenant des grains isolés qui se trouvent dans un
mouvement perpétuel d'attraction et de répulsion. Tout le contenu de
l'œuf est enveloppé d'une mince enveloppe revêtant la face intérieure de la
coque. Évidemment, c'est la membrane vitelline ; Maestri cependant y voit
quelque chose comme le résultat du développement de l'œuf. Toute la face
inférieure de cette enveloppe se couvre, le second jour, de papilles particulières. En jetant un regard sur les dessins de Maestri *(l. c., pl. III)*, il
est facile de se convaincre que ces papilles ne sont autre chose que les
cellules du blastoderme, que l'auteur représente assez distinctement
(avec des noyaux à l'intérieur) sur la figure 3, planche III. Nous apprenons plus loin que les granulations, dispersées d'abord dans tout le
contenu de l'œuf et le remplissant, se réunissent maintenant en groupes
et forment de grandes sphères. L'auteur les nomme *globuli* et soutient
que ceux-ci se désagrègent avec le temps en *globuletti secondarj*.
Ces *globuli* sont évidemment des cellules vitellines ou des cellules de
l'entoderme primitif. Quant aux *globuletti secondarj*, j'ai de la peine à
expliquer ce que Maestri a pu y sous-entendre ; le plus vraisemblable, je
pense, est de reconnaître les territoires isolés des noyaux entourés de leur
plasma dans les cellules vitellines multinucléaires. Les *globuli* occupent tout l'œuf et entourent aussi l'embryon, dont Maestri n'a observé les
premiers vestiges que le quatrième jour du développement. Cet embryon
était représenté par un corps vermiforme à anneau peu apparent.

Dans le cours de son exposé, l'auteur ne nous offre rien d'intéressant :
il nous donne seulement une description rapide purement anatomique de
la formation des organes. Maestri a pourtant observé le fait intéressant
suivant : les poils longs qui revêtent, durant le premier stade, le corps
du ver à soie n'apparaissent pas tout d'un coup dans leur forme définitive,
mais d'abord sous celle d'appendices vésiculaires transparents allongés
(bolle trasparenti allungate, fig. 11, pl. IV). Il est encore curieux
d'observer que l'auteur, ayant représenté sur ses dessins avec une grande

exactitude la séreuse pigmentée, ne la décrit point cependant comme une membrane constituée de grosses cellules plates, mais n'y voit qu'un simple *reticulum* de pigment.

CHAPITRE IV

LES DÉRIVÉS DE L'ECTODERME

Formations prenant naissance de l'ectoderme. — Enveloppes dermiques; données historiques qui les concernent; le *matrix* et son développement; annexes des enveloppes dermiques; cellules trychogènes. — Squelette intérieur du ver à soie. — Système nerveux; données historiques; marche de son développement chez le *B. mori.* — Corps glandulaire. — Intestin antérieur et postérieur; vaisseaux de Malpighi. — Trachées, glandes séricigènes et salivaires. — Canal éjaculateur des organes sexuels mâles.

Nous savons par ce qui précède comment, de l'ectoderme et de l'entoderme primitif, se sont constituées trois couches secondaires : l'ectoderme et l'entoderme secondaire et le mésoderme. Voyons maintenant comment de ces derniers se forment, à leur tour, les tissus servant à constituer les différents organes de l'embryon ; en même temps, suivons la marche du développement de ces organes.

FORMATIONS PRENANT NAISSANCE DE L'ECTODERME. — Commençons par l'ectoderme. Il donne l'origine : 1° aux enveloppes dermiques et au squelette intérieur; 2° au système nerveux, savoir : à leurs éléments nerveux; 3° au corps glandulaire; 4° à l'épithélium de l'intestin antérieur et postérieur, ainsi qu'aux vaisseaux de Malpighi; 5° aux trachées, aux glandes séricigènes et salivaires; 6° au conduit éjaculateur des organes sexuels mâles.

ENVELOPPES DERMIQUES. — Dans les traités consacrés au développement des insectes dans l'œuf, nous trouvons peu de données concernant le développement des enveloppes dermiques avec leurs annexes et pas la moindre indication sur le développement du squelette intérieur. C'est surtout par rapport à cette dernière formation que la négligence s'est le plus accentuée : ainsi un des embryologues contemporains les plus zélés, Hatschek (comme je l'ai mentionné dans le *Zool. Anz.*, 1879, et comme nous le verrons plus bas) est tombé dans une erreur si grossière, qu'il a décrit comme trachée le squelette intérieur des Lépidoptères observés par lui, et, se basant sur un fait erroné, il en a malheureusement déduit quelques considérations théoriques.

On sait que le point de vue des auteurs sur les enveloppes dermiques des articulés en général et des insectes en particulier, diffère encore de nos jours. On supposait autrefois que le derme des articulés était constitué de la même manière que chez les animaux vertébrés ; on démontrait en même temps que les annexes des enveloppes dermiques se développaient d'une manière parfaitement identique dans l'un et l'autre type (Newport, Hollard, Mentzel). Leydig[1] s'est élevé contre une telle identification ; il a fait dominer l'opinion que les enveloppes dermiques de tous les articulés représentent une formation de tissu conjonctif avec une couche superficielle transformé en chitine. Haeckel[2] est le premier qui a combattu énergiquement l'étrange opinion de Leydig, mentionnée plus haut, et il a prouvé que les enveloppes dermiques de l'*Astacus fluviatilis* offrent sous la couche cuticulaire un *matrix* qui correspond à l'épiderme des vertébrés, et sous cette couche une lamelle basilaire que Haeckel prenait pour une formation de tissu conjonctif, correspondant au *cutis* des vertèbres. (Cette opinion est, comme on sait, développée par Gegenbaur dans son *Manuel d'Anatomie comparée*). Cependant, ainsi que Graber[3] le remarque avec justesse, Haeckel n'a aucunement prouvé les propriétés susdites de la lamelle basilaire découverte par lui, que le premier regarde comme un produit de l'hypoderme ainsi que la chitine extérieure, et qu'il nomme cuticule intérieure ; quoique, à son tour, pour justifier le terme créé, il ne cite ni preuves morphologiques ni preuves embryologiques. Graber prend pour homologue à la *cutis* des vertébrés une formation particulière, qu'il nomme fibreuse, trouvée par lui chez les insectes déjà développés et dont il dit entre autres qu'elle manque souvent. En abordant l'histoire du développement des annexes des enveloppes dermiques, nous sommes obligés, vu la pauvreté des données concernant leur développement chez l'embryon des insectes qui n'a pas encore quitté l'œuf, d'utiliser les notions acquises par l'étude du développement post-embryonnaire. Semper[4] décrit chez la chry-

[1] V. son Manuel de l'*Histologie*, §§ 113-115.

[2] Die Gewebe des Flusskrebses (*Müll. Arch.*, 1857).

[3] Ueber eine Art fibrilloider Bindegewebe der Insectenhaut, etc. (*A. f. m. A.*, Bd. X).

[4] C. Semper, Ueber die Bildung der Flügel-Schuppen und Haare bei den Lepidopteren (*Z. f. Z. w.*, Bd. VII).

salide du *Saturnia carpini* de très grandes cellules avec de gros noyaux (à juger d'après la fig. 2, pl. XV, *l. c.*, ces cellules sont trois fois plus grandes que les cellules du matrix) situées sous le matrix pendant la formation de l'écaille ; chacune de ces cellules donne naissance à des prolongements pénétrant entre les cellules du matrix. Avec le développement ultérieur, ce prolongement se transforme immédiatement ou en une écaille, ou en un poil, selon l'endroit où il se trouve. Ainsi, d'après Semper, chaque annexe des enveloppes dermiques chez les insectes est le simple prolongement d'une seule cellule. Landois [1] affirme la même chose, tantôt repoussant les opinions de Semper au sujet de certaines parties qui ne peuvent nous intéresser ici, tantôt les complétant. Graber [2] fait mention de cellules trychogènes à double noyaux dont l'origine lui est restée inconnue [3].

Chez le ver à soie comme chez tout autre insecte le matrix des enveloppes dermiques apparaît comme le résultat de la transformation directe de l'ectoderme. Nous pouvons prendre pour le commencement de la transformation le moment ou le système nerveux se délimite de l'ectoderme, vu qu'à cette époque tous les autres dérivés de l'ectoderme ont eu le temps d'en émaner. Au début de leur développement, les cellules du matrix futur sont hautes et cylindriques, ayant sur toute leur étendue, de bas en haut, le même diamètre. Avec le développement ultérieur, ces cellules grandissent considérablement en hauteur, particulièrement sur le côté ventral et aux extrémités. En même temps, elles deviennent plus étroites ; les noyaux y sont disposés tantôt au-dessus, tantôt au-dessous du milieu. Comme les cellules de cette époque sont : 1° très étroites et 2° n'atteignent pas toutes, par leur extrémité supérieure, la périphérie, il peut fréquemment sembler qu'il s'agit ici ou de plusieurs couches de cellules, ou de cellules multinucléaires, tels que le matrix est représentée chez Hatschek *(l. c.*, pl. IX, fig. I). Au moment de la délimitation du système nerveux, les limites des cellules peuvent être distinguées sur toute leur étendue *(pl. III, fig. 3)*. Depuis la moitié du développement de l'embryon, de sept à huit jours, ces limites ne sont visibles qu'en leur milieu ; en haut et en bas, au contraire les corps des

---

[1] H. Landois, *Beiträge zur Entwickelungsgeschichte der Schmetteringsflügel in der Raupe und Puppe.*

[2] V. Graber, *Ueber eine Art, etc.*, p. 129.

[3] Il faut signaler encore que Ganine, décrivant la larve cyclopiforme du Platygaster, observe que : *die Borsten entwickeln sich als Zellenfortsätze (Z. f. w. Z.*, Bd. XIX).

cellules se fusionnent en une couche commune plasmatique *(pl. III, fig. 4,*
fig. 45 du texte) qui est d'épaisseur considérable à sa périphérie extérieure,
mais beaucoup plus mince à l'intérieur. En même temps la couche
supérieure protectrice ainsi que la couche inférieure sous-jacente ne se
distinguent, par leur coloration, en rien du reste de la masse des corps
cellulaires. Avec le temps la délimitation des couches s'accentue de plus
en plus ; la couche supérieure se colore de plus en plus faiblement,
tandis que la couche inférieure, au contraire prend une coloration plus
intense que celle des cellules mêmes. La couche supérieure, depuis sa
surface, commence ensuite à réfracter de plus en plus la lumière et se
transforme peu à peu en une enveloppe de chitine d'un jaune brun
(pl. III, fig. 5) ; la couche inférieure se convertit en lamelle basilaire
revêtant la face interne du matrix que Heackel a découverte et que
Graber a nommée cuticule intérieure. La couche chitineuse du jeune ver
qui vient de sortir de l'œuf est très mince ; son épaisseur, à cette époque,
est de $0^{mm},004$, cependant il y a des parties de la tête et des extrémités,
où son épaisseur dépasse 3 et 4 fois le chiffre cité.

Quant à la formation de la chitine même, j'ai réussi à observer ce qui
suit : à peine la couche chitinogène commence-t-elle à se délimiter à la
surface du matrix qu'il se dessine sur la première un contour des
plus marqués ; peu après, entre la chitine et la couche mince, se délimite progressivement une mince couche translucide qui commence à
jaunir légèrement vers le troisième ou quinzième jour du développement
printanier. C'est précisément le premier germe de la chitine. A peine
commence-t-il à jaunir, qu'il s'y opère aussitôt d'autres changements : sa
surface se ride et bientôt y apparaissent des saillies, d'abord si insignifiantes qu'on ne les aperçoit, au moyen même de grossissements consi-
dérables (syst. 5 de Hartnack), que sous la forme des points ; plus tard,
ces soi-disant points grandissent et se transforment en une fine dentelure
couvrant la peau du jeune ver *(pl. III, fig. 5).* Ainsi nous avons vu que
le matrix n'excrète pas directement la chitine ; il se délimite d'abord
au-dessus des cellules du matrix une couche plasmatique continue,
donnant naissance à la chitine. De quelle manière se constitue la couche
de chitine ? Par voie d'excrétion ou par voie de transformation immédiate de la couche chitinogène ? Des questions de ce genre sont difficiles
à résoudre d'après des observations monographiques, où l'attention de
l'investigateur est toujours occupée par la marche générale du développement. Le matrix même, après que la chitine a déjà été produite, est

constitué comme auparavant par une seule couche de cellules. Ces dernières gardent leur forme d'un épithélium cylindrique, élevé; leur hauteur absolue cependant est fort peu considérable; en tous les cas, elle
n'est pas plus épaisse que la chitine même.

Les poils et les cellules trichogènes. — Passons maintenant aux
annexes des enveloppes dermiques. Les seules annexes qui existent chez
la larve du ver à soie à sa sortie de l'œuf sont des poils dont nous allons
examiner le développement. On voit par l'exposé historique précédent que,
par rapport au développement des annexes des enveloppes dermiques
chez l'embryon, il était intéressant d'éclaircir : 1° si ces annexes sont de

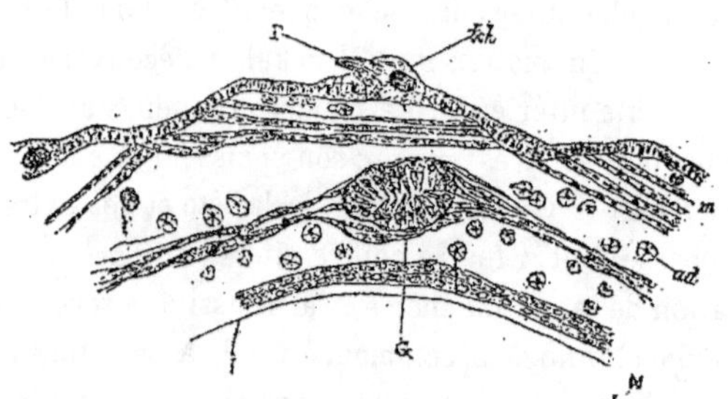

FIG. 34. — Partie d'une coupe longitudinale d'un embryon au treizième jour.
P, poils, *tch*, cellules trichogènes.

simples prolongements d'une seule cellule ; et 2° d'élucider l'origine des
cellules trychogènes, c'est-à-dire des cellules donnant naissance aux
poils. Quant à la première question, elle est résolue pour le ver à soie sans
contestation, dans le sens affirmatif ; nous trouvons ici chez l'embryon
absolument la même chose que Semper a trouvée chez la chrysalide
(Saturnia Carpini); la figure 34 nous offre la possibilité d'en juger. Il nous
représente la coupe longitudinale d'un embryon au treizième jour du développement printanier. Nous voyons ici un poil *(P)* émanant de sa cellule
trichogène *(tch).* Cette dernière a atteint le maximum de son développement; son plus grand diamètre est de $0^{mm},004$; le plus grand diamètre de
son noyau est de $0^{mm},002$. Comme nous le voyons, le poil représente un
simple prolongement de la cellule, et la hachure qui le caractérise à
cette époque s'étende aussi au corps de la cellule trychogène. Les premiers vestiges des poils apparaissent chez l'embryon vers le treizième
jour environ, et là-dessus ils croissent rapidement. Quand les premières
traces de la chitine se montrent sur le matrix, la même chose a lieu pour

les poils sur lesquels, avant la sortie de la larve, apparaît une fine crêne-
lure dirigée vers l'extrémité du poil et lui donnant un aspect plumiforme.
Je n'ai jamais vu que les poils, avant de s'être enveloppés de chitine,
aient pris une forme vésiculaire, comme le représente Maestri sur sa
figure 11. Tout ce que j'ai observé dans ce cas, c'est que les poils, se
revêtant de chitine, s'amoindrissent d'autant dans le diamètre que l'enveloppe de chitine de la larve est plus mince que la couche chitinogène
de l'embryon.

Les auteurs précédents ont laissé la question de l'origine des cellules
trychogènes encore indécise. Mes préparations ne laissent aucun doute
que chaque cellule trychogène n'est ni plus, ni moins qu'une cellule du
matrix. Il est facile de suivre pas à pas le développement des cellules
trychogènes chez le ver à soie. Au début, elles se trouvent au même
niveau que les cellules du matrix ou au-dessous de celle--ci, selon la
disposition de la cellule même, qui doit se transformer en cellules trichogènes *(pl. III, fig. 4,* v. aussi la fig. 47) et ne se distingue que par le
plus grand volume de son noyau. Plus tard, ces cellules se développant de
plus en plus, atteignent, comme nous l'avons vu plus haut, une dimension très considérable et occupent une position telle que la représente la
figure 34. Les poils de la larve apparaissent en faisceaux entiers ; les
cellules trychogènes aussi ne sont pas disséminées, mais réunies en
groupes. A mesure du développement du poil, la cellule trychogène
s'amoindrit graduellement ; néanmoins même chez les larves sorties
de l'œuf, elle dépasse de beaucoup le volume des cellules voisines du
matrix.

Squelette intérieur. — Nous allons aborder la question du développement du squelette intérieur. Si l'on passe sous silence la description
des sutures pénétrant dans l'intérieur, entre les éléments isolés du squelette de la tête et desdits tendons, tout le squelette intérieur d'une larve
adulte du *Bombyx mori* se réduit à la constitution d'une trabécule
transversale de la chitine (fig. 35, *a)*, séparant la cavité de l'ouverture
occipitale, pour ainsi dire en deux étages (l'étage supérieur pour l'œsophage, l'inférieur pour le système nerveux), et à celle des deux bâtonnets
assez épais de la chitine *(b)* partant de cette trabécule et se fixant à l'épicranium, antérieurement à la tête. La circonstance que toutes les parties citées
du squelette intérieur sont tubuleuses, tapissées à leur face interne de chi-
ine, à leur face externe revêtues d'épithélium, aurait dû par elle-même

faire supposer qu'elles surgissent comme des involutions locales d'enveloppes dermiques, du dehors en dedans. Les préparations ne laissent aucun doute à cet égard. La figure 36 est très instructive sous ce rapport : elle représente une coupe très oblique à travers la partie antérieure de l'embryon au treizième jour du développement printanier. Par rapport au

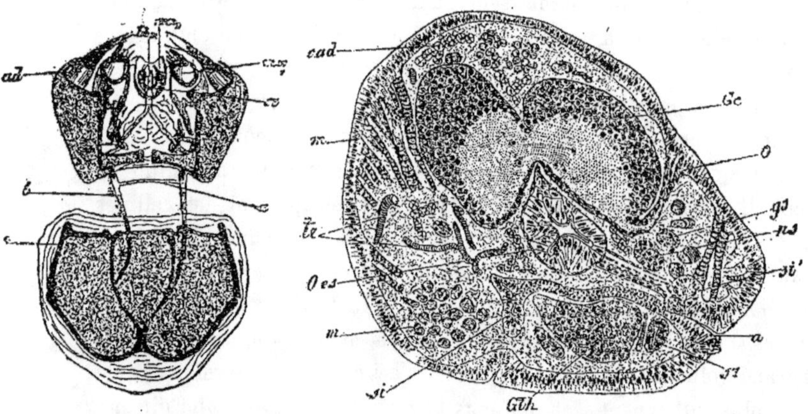

Fıg. 35. — Squelette céphalique de la larve adulte (la partie supérieure est coupée et repoussée en arrière).

a, Trabécule transversale, b, bâtonnet latéral de l'endocranium.

Fıg. 36. — Coupe transversale (port. oblique) de la tête d'un embryon de treize jours.

c. ad, corps adipeux, ge, ganglion sus-œsophagien, œs, œsophage, tr, trachées, ns, grand ganglion sympathique latéral, gs, glande salivaire, s′, invagination latérale de l'endocranium, m, muscles, gth, ganglion sous-œsophagien, sr, glande séricigène.

squelette intérieur il faut observer que la coupe traverse toute la trabécule transversale ainsi qu'une portion de l'un des bâtonnets latéraux futurs. Nous voyons encore d'un côté cette involution latérale (si), donnant naissance à la trabécule transversale. Un examen minutieux des préparations nous enseigne que le squelette intérieur se constitue de la manière suivante : derrière la deuxième paire des maxilles se forment, des deux côtés, des involutions latérales ; avec le temps, celles-ci se fusionnent sur la ligne médiane du corps pour la formation de la trabécule transversale ; mais avant ce fusionnement chaque involution latérale donne toutefois naissance à un prolongement qui se dirige obliquement vers le haut, et croît à la rencontre d'une involution semblable, se formant dans la région de l'épicranium ; ces deux involutions se fusionnent plus tard pour constituer les bâtonnets latéraux. En même temps s'effectue le développement desdits tendons, c'est-à-dire des prolongements intérieurs des enveloppes dermiques des extrémités, prolongements servant à la fixation des muscles. Ce qui frappe surtout les yeux, c'est le grand tendon de la mandibule. Sur les coupes transversales d'un embryon au treizième jour du développement printanier, la cavité de ce tendon se présente sous la forme d'une fente étroite, émanant de l'angle intérieur des mandibules et dépassant plus de la moitié la cavité de la tête. Le matrix s'involutionnant pour la formation du squelette intérieur, ne diffère en rien du reste du squelette à l'exception, bien entendu, de ce qui est dépourvu de tout appendice. La chitine se dépose ici simultanément avec son apparition à la surface, mais elle ne se colore que plus tard. Telle est la formation du squelette intérieur. Hatschek, ne s'étant pas assez familiarisé avec l'anatomie d'une larve adulte, et ne connaissant que les stades intermédiaires du développement, a décrit les éléments isolés du squelette intérieur comme trachées ; savoir : les deux involutions qui servent à former le trabécule transversal du squelette intérieur et qui surgissent derrière la deuxième paire des maxilles, l'auteur les dépeint comme la troisième paire des stigmates céphaliques (*l. c.*, pl. IX, fig. 5) ; il prend ensuite le grand tendon de la mandibule pour un stigmate et pour un troncule trachéal de l'anneau mandibulaire, et les tendons de la première paire des maxilles pour les trachées du premier anneau maxillaire (pl. IX, fig. 2). Après nous être familiarisé avec la marche du développement du squelette intérieur, l'erreur de Hatschek devient évidente ; mais les dessins seuls de l'auteur suffiraient à prouver qu'il n'y a aucune analogie entre la formation des trachées vraies et entre ce qu'il a pris pour des trachées de segments céphalique.

Système nerveux. — Le système nerveux, depuis le début de sa délimitation, est exclusivement un dérivé de l'ectoderme, quoique nous le verrons plus bas, l'entoderme secondaire aussi participe à la formation des éléments accessoires du système nerveux.

Nous trouvons dans la littérature beaucoup plus de notions sur le développement du système nerveux que sur celui des enveloppes dermiques que nous venons d'examiner. Kölliker (*l. c.*, §§ 15, 20, 31) ne nous donne pas encore d'indications complètement déterminées sur l'origine du système nerveux ; néanmoins, il admet comme irrécusable que le système nerveux tire son origine du *stratum serosum*. De même l'origine primitive du système nerveux est restée ignorée de Zaddach, il n'a pu la distinguer que chez un embryon du côté concave de son corps (*l. c.*, § 41), c'est à-dire à un stade très avancé du développement, et

il se range à l'opinion de Ratke, savoir : « que chez les Arthropodes
le système nerveux se forme comme production immédiate de certaines parties solides de la paroi ventrale ». Weismann conteste l'opinion
de Zaddach qui pense qu'à chaque segment du corps des insectes correspond une paire de ganglions; il ne trouve dans la tête du *Chironomus*
que deux paires de ganglions nerveux ; un supérieur et un inférieur
(et il observe en particulier que la paire supérieure se développe aux
dépens de la partie de la bandelette germinative, qui, dès le début, est
recourbée sur le côté dorsale), et dans le corps non pas douze
(d'après le nombre des anneaux), mais en tout, onze paires, le dernier
anneau étant privé de sa paire de ganglions. Quant à l'origine même
du système nerveux, les observations de Weismann, n'admettant pas
de couches embryonnaires chez les insectes, n'offrent aucun intérêt.
Il faut dire la même chose des observations de Metschnikoff. Melnikoff
signale une dépression entre les bourrelets embryonnaires de la *Donacia*,
qu'il a examinée à cet égard; cette dépression, d'après lui, serait si profonde dans les cavités céphaliques, qu'elle s'implante à l'intérieur du
vitellus sous la forme d'un considérable prolongement languiforme qui
donne naissance avec le temps au cerveau. Ce fait est si peu conforme
à tout ce que nous savons au su jetde l'histoire du développement du
système nerveux chez les insectes en général, que je suis prêt à le considérer comme un défaut d'observation. Bütschli nous apprend que chez
l'abeille (l'auteur ne l'a pas vu, mais il émet la supposition) le
système nerveux se développe aux dépens de l'hypoderme; il existe
d'abord, d'après le nombre des anneaux, 17 paires de ganglions nerveux ;
mais avec le temps trois ganglions abdominaux postérieurs et trois
ganglions antérieurs, se fusionnant en un seul; de ces derniers le ganglion
mandibulaire reste plus longtemps visible que les autres. Kowalevsky
nous enseigne que, chez l'*Hydrophilus*, les lamelles médullaires constituées d'une double couche de cellules (de ces deux couches, l'inférieure
représente les rudiments du système nerveux), se délimitent à la période
où se sont déjà formées chez l'embryon les appendices buccales et quatre
paires d'extrémités. Dans la suite, les ganglions de la chaîne nerveuse se
délimitent de plus en plus de l'ectoderme ; en même temps, la partie
médiane de l'ectoderme, s'implantant profondément dans l'intérieur des
ganglions, participe également à leur formation. Ainsi Kowalevsky a
démontré le premier que la chaîne nerveuse chez les insectes représente,
non un simple épaississement de l'ectoderme, mais deux épaississements

latéraux avec une dépression tubuleuse sur la ligne médiane de cette couche embryonnaire, comme cela a lieu chez les vertébrés. Cela est du moins évident d'après ses dessins. Le même auteur a vu chez l'abeille que le ganglion sous-œsophagien se forme par le fusionnement des trois ganglions primitivement isolés. Hatscheck a beaucoup fait pour élucider la marche du développement du système nerveux. Citons ici un résumé succint de ces observations : à l'époque de la première délimitation des extrémités chez le *Bombyx chrysorrhæa*, observé par l'auteur, apparaît sur la ligne médiane de la face ventrale un sillon primitif *(Primitivfurche)* d'où se délimitent, à droite et à gauche, deux bourrelets *(Primitiwülste)*, dans la région de ces bourrelets (il est hors de doute que l'auteur eût été plus exact, si au lieu de *Primitivfurche* et de *Primitiwülste*, il eut mis : *Nervenrinne, Nervenwülste)* l'ectoderme est composé d'une double couche : sa couche inférieure constitue des deux côtés la tige latérale *(Seitenstrang)* de l'auteur ; les tiges latérales longent, à droite et à gauche, l'œsophage et pénètrent dans le domaine des lobes céphaliques. Au stade suivant, le sillon primitif devient bien plus profonde et constitue ce que l'auteur appelle la tige médiane *(Mittelstrang)* qu'il considère comme le germe médian du système nerveux. Hatschek assimile, durant ce stade, le système nerveux des insectes au tube médullaire des vertébrés. Il ne voit de différence qu'en ce que les parois latérales du canal médullaire des insectes sont relativement très épaisses et dans leurs plus grandes parties, délimitées, même aux stades récents. La différence se fait ensuite remarquer dans la destinée future de la tige médiane, comparativement au tube médullaire des vertébrés ; le premier n'entre pas dans toute sa longueur dans la formation du système nerveux, mais seulement dans la région des ganglions, qui, de cette façon, se fusionnent dans chaque paire entre eux, tandis que les commissures sont séparées dès le début, car le *Mittelstrang*, dans leur domaine, ne participe pas à la formation du système nerveux. Par rapport aux détails ultérieurs faisons observer que Hatschek suppose que le *Mittelstrang*, par suite de l'involution de l'œsophage, s'atrophie dans le deuxième segment mandibulaire : c'est pourquoi les ganglions mandibulaires ne se transforment pas en ganglion nerveux vrai, mais servent à constituer le collier œsophagien. D'après l'auteur, le ganglion sous-œsophagien ne se forme de cette manière que de deux paires de ganglions : les maxillaires et les labiales. Hatschek nous donne des indications très intéressantes sur la formation du ganglion céphalique, dont l'origine se trouve être beaucoup plus compliquée qu'on ne l'avait admis plus tôt, savoir : les deux tiges latérales pénètrent dans la future tête, à droite et à gauche de l'œsophage, et composent avec le temps la partie basilaire des ganglions céphaliques; avec le développement ultérieur, les lobes céphaliques, ainsi que les masses nerveuses qui s'y délimitent, se replient de plus en plus sur la face dorsale; à cette occasion ces dernières se posent, comme cela s'entend de soi–même, sur les parties basilaires des ganglions céphaliques sus-mentionnés, avec lesquelles elles se fusionnent plus tard. La question se complique encore davantage, car deux plis de l'ectoderme s'y implantant des deux côtés, participent aussi à la formation de ces ganglions.

La figure 37 nous présente les premiers vestiges de la délimitation du système nerveux chez le ver à soie. Vers l'époque du développement

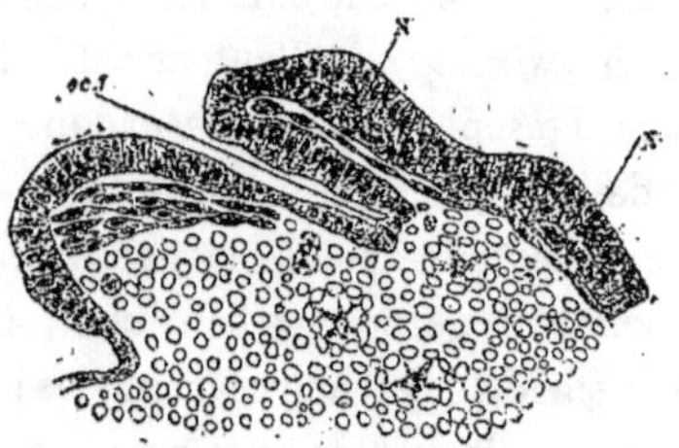

FIG. 37. — Partie d'une coupe longitudinale de l'embryon (stade de la délimitation des cellules ganglionnaires).

œs, Intestin antérieur, N, cellules ganglionnaires.

du système nerveux, l'ectoderme de l'embryon devient assez épais et, comme il en a été fait mention, paraît composé de plusieurs couches. Avant la délimitation du système nerveux dans l'ectoderme, on remarque dans le domaine de cette délimitation une visible augmentation numérique de cellules dont les noyaux sont logés en bas. Ces cellules rétractent peu à peu leurs extrémités amincies, s'arrondissent, et l'ectoderme se trouve de cette façon composé de plusieurs couches : la couche supérieure est constituée par des cellules cylindriques, qui se transforment plus tard en matrix des enveloppes dermiques; au-dessous de cette couche, des cellules plus volumineuses du système nerveux futur constituent en somme deux tractus nerveux compacts ou deux lamelles médullaires, longeant la face ventrale, se repliant à la partie antérieure, dans le domaine des lobes céphaliques, sur la face dorsale, et s'arrêtant à la partie postérieure, à quelque distance de l'orifice anal. Ces cellules

se trouvent au commencement dans un état de division continuelle, ce
dont on peut juger par la présence de figures karyokinétique (fig. 37, *N*).
Je n'ai jamais vu que les éléments nerveux se formassent de façon à faire
apparaître dans les cellules de l'ectoderme deux noyaux, et que là-
dessus la partie inférieure de ces cellules se détachât pour former des
cellules nerveuses. Par suite de quoi il me semble que, dans chaque cellule nerveuse, nous devons voir une cellule ectodermique indépendante,
sortie de son rang et se logeant sous les cellules entre lesquelles elle se
trouvait située plus tôt.

Au début de la délimitation du système nerveux, ce qui a lieu approximativement au quatrième jour du développement printanier, elle ne se
manifeste à la surface du corps de l'embryon que par une dépression des
plus insignifiantes sur la ligne médiane de quelque portion de l'ectoderme,
comme on peut en juger en jetant un coup d'œil sur la coupe transversale
représentée sur la *figure 3, planche III*. Dans la suite, cette petite portion de l'ectoderme, en raison d'un plus grand développement des lamelles
médullaires, commence de plus en plus à s'enfoncer entre elles, et se
transforme enfin en un sillon longitudinal que nous avons tous le droit,
à juger d'après sa destinée ultérieure, de nommer sillon nerveux. Ce dernier atteint son état de parfait développement vers le septième jour de
développement printanier. La figure 26 nous donne une idée de sa forme
à cette époque. Nous voyons ici le sillon nerveux longer la face ventrale, depuis l'orifice buccal jusqu'à l'orifice anal ; il s'efface insensiblement devant le premier ; devant le second, au contraire, il se termine par un bord arrondi et légèrement relevé. En faisant une coupe
transversale d'un embryon du stade en question, nous verrons (fig. 38)
que les lamelles médullaires se délimitent déjà de l'ectoderme, dans le
domaine des ganglions ; entre les rudiments des ganglions *(n)* nous apercevons la coupe du sillon nerveux *(n')*, correspondant par sa position à
la partie de l'ectoderme qui est restée invariable à la première délimitation des cellules nerveuses. Inutile de dire que le sillon nerveux du
Bombyx mori correspond à ce que Hatschek a nommé *Mittelstrang*.
Nous savons déjà que Kowalevsky est le premier qui a démontré pour
l'*Hydrophilus,* et Hatschek l'a confirmé, que le sillon nerveux participe
aussi quoique faiblement, à la formation du système nerveux des insectes.
Ceci a également lieu pour le ver à soie, comme il est facile de le deviner.
Dans les endroits où paraîtront avec le temps les ganglions, le sillon
nerveux pénètre profondément entre les segments correspondants des

lamelles médullaires et se détachent avec elles. Cependant le fond seul du sillon se détache ; la dernière et plus large partie du sillon reste adhérente à l'ectoderme (voir la fig. 45). A l'époque où les ganglions se sont déjà complètement délimités de l'ectoderme, les commissures (cordons conjonctifs) demeurent encore quelque temps dans son épaisseur et

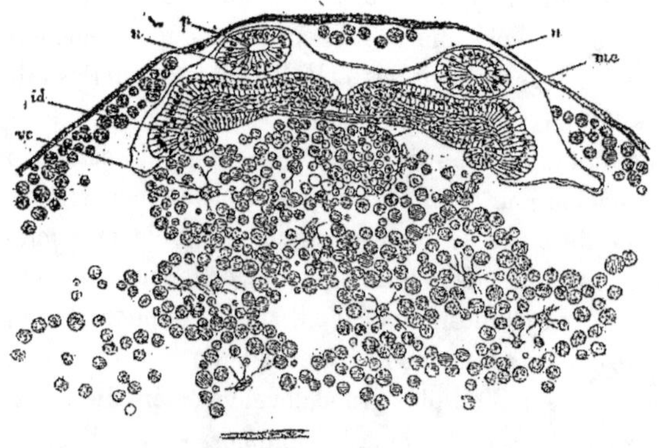

Fig. 38. — Coupe transversale d'un œuf de sept jours. 12' gouttière nerveuse.
id, Repli mésodermine, *ve*, cellules vitellines, *ms*, mésoderme, *p*, patte.

ne se délimitent que plus tard ; de plus, comme Hatschek l'a signalé à bon droit, le sillon nerveux, dans la région des commissures, ne participe aucunement à la formation du système nerveux.

Il est évident, par ce qui précède, que le sillon nerveux, aux endroits où il participe immédiatement à la formation du système nerveux, n'entre dans sa composition que par son fond. Voilà pourquoi il ne disparaît pas sur toute son étendue, même à l'époque où la chaîne nerveuse se trouve complètement achevée (voir figures 26-30). Quant aux causes mécaniques de la formation du sillon nerveux, elles se bornent, comme on peut le supposer, à ce qui suit : les cellules nerveuses, se multipliant rapidement, doivent évidemment opérer une pression sur les tissus qui les entourent, ce qui provoque le renflement de l'ectoderme, se trouvant au-dessus des premières, vers le côté de la moindre résistance, c'est-à-dire dans la cavité amniotique ; il en résulte deux bourrelets nerveux dirigés vers cette cavité ; la portion de l'ectoderme sous laquelle les cellules nerveuses ne se sont pas délimitées ayant conservé leur position primitive, se trouvent être de cette façon le fond du sillon nerveux.

Quant au nombre des ganglions qui se délimitent, on peut dire, autant que je puis en juger par mes préparations, qu'à chaque anneau du corps, à l'exception du dix-huitième, correspond sa paire de ganglions ; cette dernière circonstance s'explique, selon toute probabilité, par le fait que ce ganglion sert tout entier à la formation de la dernière partie d'extrémités. A l'exception cependant des dix-sept paires de ganglions, qui correspondent ainsi chez le *Bombyx mori* aux dix-sept anneaux primitifs du corps, il existe encore une paire de petits ganglions entre l'orifice buccal et les mandibules. Cette partie occupe, par rapport aux éléments pairs de la lèvre inférieure vraie, la même position qu'occupe le reste des ganglions relativement aux extrémités de ses segments. A mon regret je n'ai pas réussi à suivre la destinée de ces ganglions ; le plus naturel serait de supposer qu'ils se fusionnent avec le ganglion sous-œsophagien ; cependant, comme nous le verrons plus bas, ce dernier ne se compose que de trois ganglions correspondant aux trois segments gnathaux. Je me permettrai d'émettre la supposition suivante : les grands ganglions sympathiques latéraux, déposés chez la larve adulte des deux côtés de l'œsophage, ne se développent-ils pas de ces petits ganglions? L'existence de la paire de ganglions, dont il vient d'être question, fait supposer dans la tête l'existence d'un segment de plus, à l'exception des quatre segments déjà mentionnés ; mais s'il en est ainsi, n'existerait-il pas alors un sixième segment, correspondant à la labre? Le ganglion frontal ne représenterait-il pas une paire de ganglions fusionnés de ce segment, le vingtième d'après le nombre, en comptant du segment caudal ?

Nous avons vu plus haut que les ganglions se délimitent de l'ectoderme avant les commissures. Les uns et les autres ne représentent qu'une agglomération de cellules nerveuses, mais bientôt on y remarque des filaments. On aperçoit à cette occasion trois sortes de filaments : les uns passent en ligne courbe d'une moitié de ganglions paires dans l'autre (fig. 36 et 45) ; d'autres fibrilles se dirigent dans les ganglions, à peu près perpendiculairement aux ganglions mentionnés et ont la même direction que les fibrilles longitudinales des commissures ; il existe encore un troisième genre de fibres traversant les ganglions de haut en bas *(pl. III fig. 4)*. Il est certain que les fibrilles participent à la formation des cellules nerveuses, mais à mon regret il m'a été impossible d'observer de quelle manière cela s'opère.

Quant à l'innervation, elle commence très tôt, c'est-à-dire les éléments des tissus nerveux se fusionnent très tôt avec les tissus qu'ils innervent dans un organisme adulte. La figure 42 nous donne l'idée d'une période récente d'une semblable fusion d'un rudiment d'un nerf moteur *(n)* avec le mésoderme qui ne s'est pas encore constitué en muscles. Disons en somme que les nerfs des extrémités d'un insecte adulte, ne pénétrant jamais directement, mais toujours par la base de ces extrémités jusqu'au bout de leurs muscles situé à l'intérieur du corps, disons que cette circonstance prouve que le début de l'innervation doit avoir lieu dans des stades récents.

Quelques ganglions de la chaîne nerveuse se développent d'une manière différente des autres ; c'est pourquoi il faut nous y arrêter. Ainsi le ganglion céphalique se distingue de tous les autres par un mode de développement tout à fait spécial. Comme Hatschek l'a signalé avec justesse, ce ganglion se compose de deux éléments principaux : de la masse nerveuse, disposée sur le côté ventrale, au-devant de l'orifice buccal, et de la partie qui se forme exclusivement aux dépens des lobes céphaliques et qui, dès son origine, se trouve située sur le côté dorsal de l'embryon. La fig. 39 nous donne une idée d'une telle formation du ganglion sus-œsophagien. Nous voyons ici cette dernière évidemment composée de deux parties : d'une partie plus grande *(c)* qui se replie sur la première, de même que l'hémisphère du cerveau se replie chez les vertébrés. Sur notre dessin qui représente une coupe longitudinale à travers un embryon, du onzième jour de son développement printanier, un pli profond *(a)* sépare encore les deux parties du cerveau. Hatschek, du reste, a déjà signalé que les plis latéraux de l'ectoderme participent à la formation du ganglion sus-œsophagien ; ces plis s'y enfoncent et se détachent ici de l'ectoderme. En dépit de tous mes efforts, je n'ai rien trouvé de semblable chez le ver à soie.

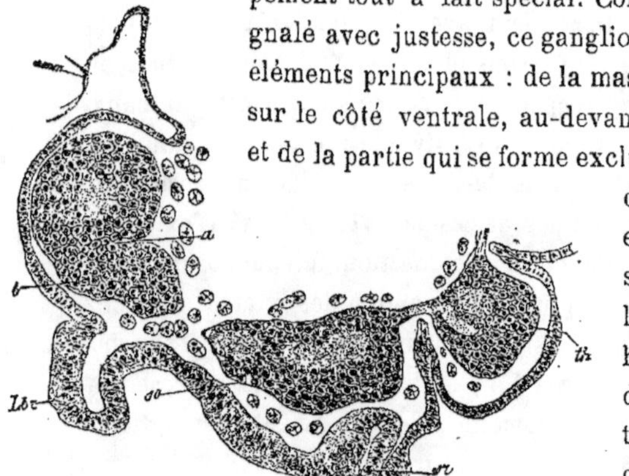

Fig. 39. — Partie d'une coupe longitudinale (onze jours).

amn, Amnion, *b*, partie basale du ganglion sus-œsophagien, *a*, pli entre elle et la partie supérieure (qui prend son origine des lobes céphaliques), L*br*, lèvre supérieure, *so*, ganglion sous-œsophagien, *sr*, canal excréteur de la glande séricigène, *th*, premier ganglion thoracique.

Sans aucun doute, le ganglion sous-œsophagien, comme Kovalewsky l'a montré pour l'*Hydrophilus* et Bütschli pour l'abeille, se compose aussi chez le *Bombyx mori*, de trois ganglions qui doivent être nommés, par rapport à leurs segments faciaux, mandibulaire, maxillaire première et maxillaire second, ou labial. Au septième jour du développement printanier, ces ganglions se trouvent déja complètement séparés ; au onzième jour nous remarquons encore les indices de la fusion du ganglion sous-œsophagien de trois ganglions isolés (fig. 39 et 40); à l'époque de la sortie de la larve, ce ganglion apparaît non seulement tout entier, mais encore différant peu par son volume, du premier ganglion thoracique, tandis que

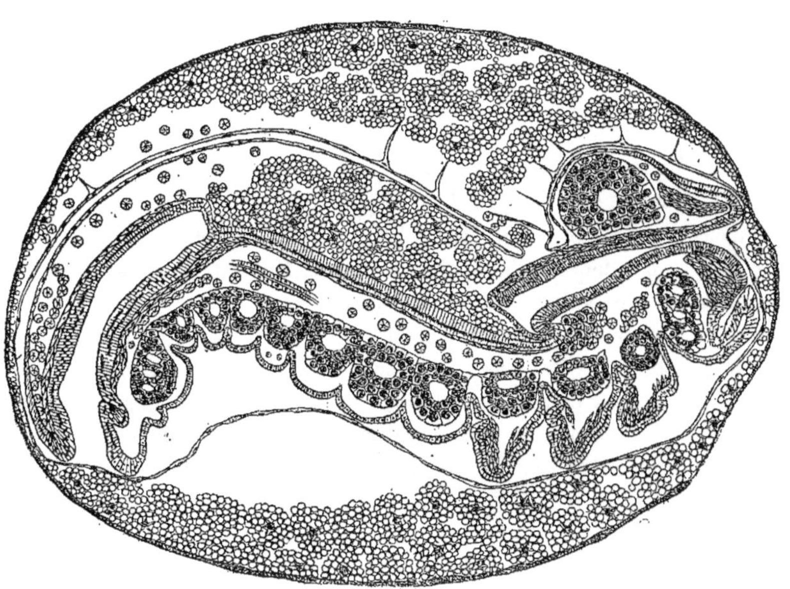

Fig. 40. — Coupe longitudinale d'un œuf de onze jours, toute la chaîne nerveuse visible, le ganglion sous-œsophagien et le dernier ganglion abdominal sont constitués encore de trois ganglions primitifs.

cette différence est encore très remarquable sur la figure 39. Ainsi que nous l'avons vu plus haut, Hatschek suppose que le ganglion sous-œsophagien ne se compose que de deux paires de ganglions, la paire mandibulaire entrant dans la formation des commissures latérales (collier œsophagien). J'envisage cependant cette opinion comme absolument erronée : 1° parce que je possède des préparations sur lesquelles, comme je l'ai déjà indiqué, on voit que le ganglion sous-œsophogien se compose de trois ganglions; 2° parce que l'involution de l'œsophage commence avant la délimitation du système nerveux, et que par sa position, elle se trouve

8

bien au-dessus du segment mandibulaire (voir la fig. 41) ; la figure 37 nous offre simultanément un rudiment déja très considérable de l'œsophage et les premières traces de la délimitation du système nervveux.

D'une façon tout à fait analogue au ganglion sous-œsophagien, le dernier ganglion abdominal, le huitième d'après le compte, se compose également de trois ganglions, comme la figure 40 nous en donne l'idée. Au début du développement, la distance entre ce ganglion et l'avant-dernier est la même que celle qui existe entre les autres ganglions abdominaux ; plus tard, à la sortie de la larve, il adhère solidement à l'avant-dernier ganglion, sans toutefois se fusionner avec celui-ci, c'est-à-dire il occupe la position qui lui est propre chez la larve adulte.

CORPS GLANDULAIRE. — Il existe chez la larve adulte du ver à soie un organe particulier que j'ai pris d'abord pour une transformation du corps adipeux ; mais après avoir étudié les propriétés histologiques de cette formation ainsi que son origine, je crois indispensable de l'envisager comme un organe *sui generis* et je propose de l'appeler *corps glandulaire*. Ici il n'est pas lieu d'entrer dans des détails sur cet organe de la larve adulte. J'observerai seulement que son corps glandulaire se présente sous la forme de très grosses cellules, disposées près des stigmates. Ces cellules sont d'une forme très caractéristique et d'un volume très considérable, jusqu'à $0^{mm},22$; la membrane propre dense, abondamment pourvue de trachées, revêt chaque cellule appendue comme un fruit à son rameau, sur un des plus épais troncules trachéens [1].

Le corps glandulaire du ver à soie tire son origine de l'ectoderme ou, pour parler avec plus de justesse du matrix des enveloppes dermiques, vu que sa délimitation commence déjà à l'époque où le système nerveux s'est depuis longtemps détaché de l'ectoderme. Il est très facile de suivre la formation du corps glandulaire. Des préparations comme celles que représente notre figure 47, réussissent très souvent. Nous voyons ici que beaucoup de cellules du corps glandulaire *(gl)* se sont détachées complètement du matrix des enveloppes dermiques, tandis que d'autres se trouvent encore en rapport avec elle. Nous voyons sur le dessin une cellule au moment où elle vient de se délimiter avec toute la masse du matrix ; mais sa partie supérieure, étroite demeure

---

[1] Il est très probable que les glandes latérales des larves du *Scolytus*, décrites par Lindemann *(Monographie des Bostrychides,* en russe) représentent une des transformations du corps glandulaire.

encore enracinée entre ses cellules. Quant au rapport des cellules du corps glandulaire avec les cellules du matrix, il faut répéter ici la même chose que pour le système nerveux : ces cellules ne se détachent pas, mais sont pour ainsi dire refoulées comme des coins et glissent dans la cavité du corps. La formation du corps glandulaire s'opère quelquefois d'une manière si énergique, qu'à l'endroit où il se détache le matrix se présente quelque temps sous la forme d'une mince bride dans laquelle on peut à peine distinguer les cellules plates qui la composent (ces dernières, du reste, croissent après rapidement et cessent de se distinguer des autres). J'ai remarqué la première délimitation du corps glandulaire au onzième jour du développement printanier ; celui-ci se prolonge deux à trois jours, et il a toujours lieu dans une portion déterminée du corps de l'embryon, savoir : entre les stigmates et le système nerveux.

Quant aux propriétés histologiques des cellules de l'organe en question faisons observer que le volume de ces cellules dès le premier jour de leur séparation de l'hypoderme, atteint déjà $0^{mm},012$ (les noyaux $0^{mm},006$); le plasma des cellules devient légèrement opalescent, se colore faiblement et n'offre pas l'aspect granulé ; les noyaux sont ovales et se colore avec intensité. A la sortie de la larve, les cellules du corps glandulaire sont d'une grosseur plus considérable ; leur volume atteint $0,02^{mm}$ celui du noyau $0,012^{mm}$; en même temps leur plasma commence à devenir légèrement vésiculeux et les noyaux perdent la régularité des contours [1].

L'INTESTIN ANTÉRIEUR ET POSTÉRIEUR. — Ni Kölliker, ni Zaddach ne nous donne beaucoup de détails sur le développement de l'intestin antérieur et postérieur. Zaddach avoue franchement qu'il ignore d'où procède l'intestin antérieur et quel est son rapport avec les couches embryon-

---

[1] Ces observations doivent être vérifiées : le fait est que le conglomérat de cellules que je désigne sous le nom de corps glandulaire présente par ses caractères une grande ressemblance avec la partie du corps adipeux que je nomme « corps adipeux de second ordre » et j'incline même à penser que, sous le rapport histologique et physiologique, ils forment un entier. En considération de ce qui précède, les investigations ultérieures de l'histoire du développement du ver à soie devront démontrer l'un des deux, savoir : 1° ou le corps adipeux du deuxième ordre est d'origine ectodermique; 2° ou l'organe que je désigne sous le nom de corps glandulaire provient non de l'ectoderme, mais de l'entoderme secondaire dont les cellules (la cellule a de ma fig. 47) ne font que s'implanter dans l'ectoderme ainsi qu'on le voit sur les préparations analogues à celles dont est copiée la fig. 47. La dernière supposition me paraît maintenant (1891) la plus vraisemblable, vu le travail de Wheeler dont il sera question au chapitre VI.

naires (*l. c.* § 36). Il ignore de même l'origine des orifices buccal et anal ainsi que de l'intestin postérieur. Faisons observer que, si Kölliker admet évidemment l'origine de l'orifice buccal par voie d'involution [1], ni lui, ni Zaddach ne pensent cependant que l'intestin antérieur (l'œsophage et l'estomac) et postérieur (le gros intestin) aient une origine commune avec l'orifice buccal et l'orifice anal. De même nous ne trouvons pas encore de confirmation à ce sujet chez Weismann et Metschnikoff. Signalons ici parmi les observations de Metschnikoff le fait intéressant suivant : ne trouvant pas chez l'*Aspidiotus nerii* de vitellus à l'intérieur du canal intestinal, il émet la supposition que le canal intestinal de cet insecte pourrait bien ne se composer que de l'intestin antérieur et postérieur. C'est à Kowalevsky et à Bütschli que sont dues les indications directes sur la formation de l'intestin antérieur et postérieur par voie d'involution de l'ectoderme. Quant aux annexes de l'intestin postérieur, les vaisseaux de Malpighi, Weismann est ici le premier qui a énoncé la supposition, qu'ils se développent à ses dépens. S'appuyant sur des faits Metschnikoff a confirmé cette supposition : il les a vus émaner de l'intestin postérieur, mais non comme son involution, mais sous la forme de brides compactes, à l'intérieur desquelles la lumière n'apparaît que plus tard. Bütschli qui a vu chez l'abeille apparaître très tôt les vaisseaux malpighiens sous l'aspect de simples involutions de l'intestin postérieur, s'est élevé contre cette assertion. L'observation de Kowalevsky sur l'*Hydrophilus* se trouve tout à fait isolée ; d'après lui les vaisseaux malpighiens représenteraient chez celui-ci des excroissances de l'intestin moyen.

Il y a peu de chose à dire sur la formation de l'intestin antérieur et postérieur chez le *Bombyx mori*. L'un et l'autre se développent par voie d'involution de l'ectoderme. Quoiqu'en général il y ait de l'analogie entre le développement de ces deux parties du canal intestinal, on y remarque pourtant quelque différence. Ainsi l'orifice buccal sans aucun doute, prend son origine sur la face abdominale, derrière les rudiments pairs de la labre, tandis que l'orifice anal, dont la paroi supérieure, dès son apparition, passe directement dans l'amnion, doit être considéré comme appartenant par son origine à la face dorsale.

La figure 41 nous donne une idée de la forme que présente l'intestin antérieur et postérieur au dixième jour du développement printanier. Nous voyons sur cette figure, que l'intestin antérieur offre à son extré-

[1] *L. c.*, § 8. *In parte capitis abdominali sulcus existit, qui profundiore petens, locum designat ubi os fiet.*

mité une dilatation servant, pour ainsi dire, d'annexe au reste de la
partie. Cette dilatation n'est autre chose que l'estomac futur de la larve.
Des plis longitudinaux de la partie plus étroite de l'intestin antérieur
commencent bientôt à proéminer dans sa cavité. Déjà à l'époque où le
canal intestinal de l'embryon ne forme pas encore de tube continu, ces
plis se prononcent très énergiquement, comme on peut le remarquer, sur
la figure 33, et à la sortie de la larve, ils se développent au point de proé-

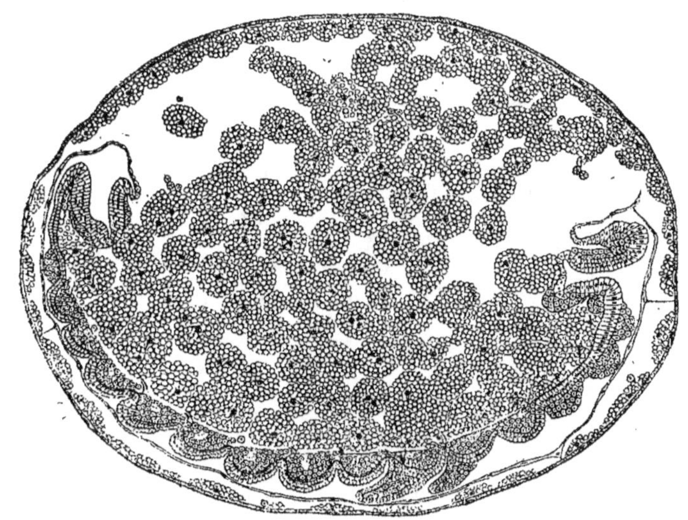

Fig. 41. — Coupe longitudinale d'un œuf de dix jours du développement printanier;
à droite, l'intestin antérieur, à gauche l'intestin postérieur.

miner assez notablement dans la cavité de l'intestin moyen. L'intestin
postérieur ne forme rien de pareil à ces plis, mais comme en retour, produit des excroissances tubulaires, les germes des vaisseaux de Malpighi. Ces derniers ne se présentent en effet que comme de simples
excroissances tubulaires de l'intestin postérieur. Comme on sait une
larve adulte possède six vaisseaux malpighiens, qui débouchent dans
l'intestin postérieur par deux conduits communs. Ce sont ces conduits
qui apparaissent dès le commencement comme de simples excroissances
de l'intestin postérieur, se partagent ensuite chacun en trois tubes
comme les troncs trachéaux principaux émanant des stigmates, se divisent
en rameaux secondaires. Dès leur apparition et jusqu'à la sortie de la
larve, les vaisseaux malpighiens se présentent composés de cellules à

peine délimitées, avec de gros noyaux. La lumière des vaisseaux malpighiens, d'abord complètement circulaire, devient plus tard semilunaire.

Quant à l'épithélium même de l'intestin antérieur et postérieur au début, il ne se distingue par rien de l'ectoderme dont il a tiré son origine. Plus tard, les cellules se divisent rapidement et diminuent de volume ; leurs limites cessent d'être distinctes, et au moyen de légers grossissements, il nous semble avoir affaire à un épithélium composé de cellules multinucléaires (fig. 40 et 41).

Les plis qui nous l'avons vu, font saillie à la face interne de l'estomac, forment la continuation immédiate de plis semblables longeant la partie

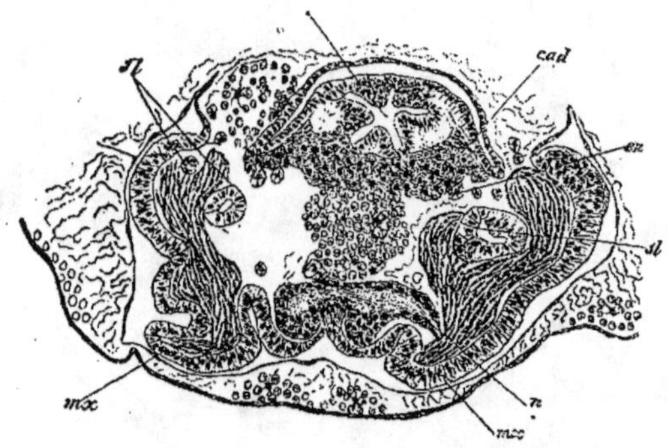

FIG. 42. — Coupe transversale d'un embryon (région céphalique) de dix jours.
œs, œsophage, *sl*, glande salivaire, *c. ad*, corps adipeux, *mx*, maxilles, *n*, innervation du mésoderme.

plus étroite de l'intestin antérieur (correspondant évidemment à l'œsophage et au ventricule) et commençant à peu près depuis le deuxième tiers de l'organe. Ces plis, sur une coupe transversale, donnent à l'œsophage une forme étoilée, comme on peut le voir sur la figure 42, où nous apercevons l'œsophage à la limite de l'estomac. A cette époque l'intestin postérieur offre aussi sur la coupe la même forme étoilée. Dans la portion postérieure de ce dernier, à dater à peu près du dixième jour du développement printanier, apparaissent aussi des bourgeons dirigés vers le dehors, donnant plus tard à cette portion une forme alvéolaire, si caractéristique pour la larve adulte. Nous voyons, sur la figure 40 qui présente une coupe longitudinale, un de ces bourgeons, à la face abdominale de l'intestin.

TRACHÉES, GLANDES SÉRICIGÈNES ET SALIVAIRES. — Il y a tant d'anaogie dans l'origine des trachées, des glandes séricigènes et salivaires, qu'il me semble rationnel d'exposer sommairement les données qui ont rapport à leur développement. Ce n'est relativement que depuis peu que s'est établi un point de vue juste sur l'origine des trachées. Kölliker supposait que les trachées prenaient leur origine simultanément avec l'intestin moyen. Zaddach ne donne aucunes notions positives à ce sujet. Leuckart et après lui Weismann, soutiennent encore que les trachées n'émanent point d'un endroit déterminé, mais se délimitent tout d'un coup sur toute leur étendue, d'abord sous la forme de minces bandes cellulaires compactes, qui se fusionnent par un de leurs bouts avec les stigmates. Bütschli et Kowalevsky sont les premiers qui ont démontré que les trachées ne sont qu'une involution de l'hypoderme qui, par la suite, se ramifie en troncules isolés. En ce qui concerne le développement ultérieur des trachées, l'hypothèse émise déjà par Meyer[1] et soutenue plus tard par Semper[2] et Weismann est curieuse : ces auteurs supposent que les extrémités des trachées représentent des cellules étoilées, plus ou moins allongées, à l'intérieur desquelles se forment de petits tubes cuticulaires, servant de prolongement à la lumière des trachées.

Quant à l'origine des glandes séricigènes et salivaires, la littérature nous offre à ce sujet, peu de notions. Weismann a énoncé le premier la supposition que les glandes salivaires ne sont pas des excroissances du canal intestinal, mais représentent un organe d'origine indépendante. Hatschek, dans ses investigations sur les Lépidoptères, a montré que les glandes salivaires de ces insectes reçoivent leur origine, comme involution de l'hypoderme, dans l'angle intérieur des mandibules. Kowalevsky et Bütschli ont observé tous deux chez l'abeille la formation des glandes séricigènes; de plus, le premier auteur, comme il a été mentionné plus haut, pense que l'orifice des glandes jusqu'à leur fusion correspond aux stigmates du premier segment thoracique.

Les trachées du *Bombyx mori* apparaissent, sans aucun doute, sous la forme de simples involutions de l'ectoderme, aux endroits auxquels se trouvent situés les stigmates. Ces involutions commencent aussitôt à produire des faisceaux entiers de rameaux, ne représentant pas autre chose que les troncs trachéals principaux. Quelques-uns de ces derniers croissent avec une rapidité telle, que les rameaux destinés, par exemple

---

[1] *Ueber die Entwickelung des Fettkörpers, der Tracheen, etc.*
[2] *L. c.*

pour le canal intestinal, l'atteignent déjà le troisième ou quatrième jour après leur naissance. La chitine à l'intérieur des trachées, se dépose absolument de la même façon que sur les enveloppes dermiques, mais sur celles-ci devient apparente de deux à trois jours plus tôt que sur celles-là. De plus, l'enveloppe cuticulaire révêt d'abord l'intérieur des trachées d'une couche tout à fait transparente et si épaisse, que la lumière des trachées est à peine perceptible. Plus tard, l'enveloppe se chitinisant, s'amincit graduellement, et il y apparaît une plissure indistincte, qui mène progressivement à la formation du fil spiral des trachées. A cette époque, la chitine des trachées adopte une nuance brunâtre. L'enveloppe épithéliale des trachées présente d'abord une épaisseur considérable *(pl. III, fig. 4);* les limites des cellules y sont à peine visibles, les noyaux sont volumineux. A mesure que l'enveloppe cuticulaire se chitinise, l'enveloppe épithéliale s'amincit rapidement, et lorsque la première est complètement achevée, la seconde est à peine perceptible et se distingue par des noyaux complètement aplatis. Chez la larve pendant qu'elle se trouve dans l'œuf, toutes les trachées se présentent sous la forme d'excroissances tubulaires, terminées en cul-de-sac; il n'y a pas encore de cellules terminales, c'est pourquoi la question du développement ultérieur des trachées doit être remise jusqu'à l'examen du développement extra-ovulaire. La membrane *propria* des trachées, autant que je puis juger d'après mes préparations, correspond tout à fait et par son origine, à ce qu'on nomme la cuticule intérieure des enveloppes dermiques. Les troncs latéraux principaux se forment comme chez les autres insectes, par voie de fusionnement des rameaux trachéals, émanant des stigmates adjacents. Je n'ai pas réussi à suivre la formation des commissures transversales trachéales chez l'embryon. Quant au nombre des stygmates le *Bombyx mori* en possède neuf; néanmoins on parvient quelquefois à apercevoir les traces d'encore deux stigmates sur le méso- et le métathorax, sous la forme de deux dépressions insignifiantes qui disparaissent très rapidement [1]. Il est encore intéressant de faire l'observation que le premier stigmate, au début de son développement, croît rapidement et dépasse avec son extrémité inférieure, notablement déviée en arrière, le prothorax,

---

[1] Cela n'est pas tout à fait vrai, vu que mes observations ultérieures publiées dernièrement dans mes *Éléments de sériciculture pratique*, Moscou, 1891 (en russe) ont démontré que le stigmate du métathorax ne disparaît pas, il demeure sous la forme d'un stigmate rudimentaire avec son faisceau correspondant trachéal, même chez la larve adulte; ce stigmate rudimentaire se trouve fortement avancé vers le mésothorax.

de façon à ce qu'elle semble pendant quelque temps appartenir à deux anneaux (fig. 27); du reste elle se rapproche dans la suite vers le milieu du premier anneau thoracique.

GLANDES SALIVAIRES ET SÉRICIGÈNES. — Les unes et les autres reçoivent leur origine simultanément avec les trachées, et se développent de la même façon que ces dernières, sous la forme d'involutions paires, terminées en culs-de-sacs. Nous connaissons déjà l'époque à laquelle surgissent les glandes séricigènes. Quant aux glandes salivaires, il m'est impossible d'indiquer avec certitude le jour de leur émanation ; je dirai seulement qu'au dixième jour du développement printanier, elles ont, sur les coupes, l'aspect de sacs larges et courts, situés du côté médial des mandibules. Quoique je n'aie pas vu l'involution même de l'ectoderme pour la formation des glandes salivaires, je pense que Hatschek a eu complètement raison d'affirmer qu'il faut envisager les glandes salivaires des Lépidoptères, comme glandes sous-dermiques, vu que sous le rapport histologique, elles ne se distinguent nullement, au début de leur développement, des glandes séricigènes dont l'origine ectodermique chez le ver à soie aussi est hors de doute.

La croissance des deux espèces de glandes est assez lente, de façon qu'au moment même de la sortie de la larve, les glandes séricigènes ainsi que les glandes salivaires sont loin d'atteindre la longueur relative qu'elles possèdent chez la larve adulte ; savoir : les terminaisons des glandes salivaires à cette époque sont encore situées dans la cavité de la tête, au lieu de pénétrer déjà dans le thorax, et les terminaisons des glandes séricigènes, au jour de la sortie de la larve, atteignent à peine les limites du huitième et neuvième anneau du corps.

Comme on sait, les glandes séricigènes de la larve adulte se caractérisent par la présence de noyaux fortement ramifiés. Chez un embryon, au dixième jour du développement printanier, lorsque les glandes n'ont pas même atteint la limite inférieure du thorax, les noyaux des cellules sont encore tout à fait ronds ; ils adoptent ensuite progressivement la forme bacillaire en prenant en même temps une disposition perpendiculaire à la lumière des glandes ; ce n'est que vers l'époque de la sortie de la larve qu'apparaissent sur ces noyaux bacilliformes les premiers rudiments de ramification, sous la forme de renflements insignifiants. De même les glandes salivaires chez la larve adulte du ver à soie, comme l'ont démontré mes propres observations, présentent aussi des noyaux fortement ramifiés; néanmoins, chez l'embryon dans l'œuf, les noyaux ne sont encore que ronds.

De même que chez les autres chenilles, il existe chez le ver à soie, à côté des glandes séricigènes principales, encore des glandes annexes. Chaque glande séricigène principale est pourvue de sa glande complémentaire qui s'y ouvre à la naissance du canal excréteur commun. Je n'ai pu découvrir ces glandes chez l'embryon dans l'œuf ; mais chez la larve sortie de l'œuf, elles présentent l'aspect de deux appendices tubuleux, terminés par une légère dilatation, de façon que chaque glandule offre la forme d'une petite bouteille à très long goulot. Histologiquement, les glandules complémentaires ne se distinguent en rien des glandes séricigènes principales. Il suffit d'observer que les noyaux de leurs cellules n'offrent en ce moment encore aucune tendance à la ramification. A peine est-il douteux que les glandules complémentaires émanent des glandes principales de la même façon que les rameaux trachéaux secondaires, c'est-à-dire par voie de bourgeonnement.

CANAL ÉJACULATEUR DES ORGANES SEXUELS MALES. — Il existe encore un organe, émanant, par voie d'involution de l'ectoderme, ou pour parler

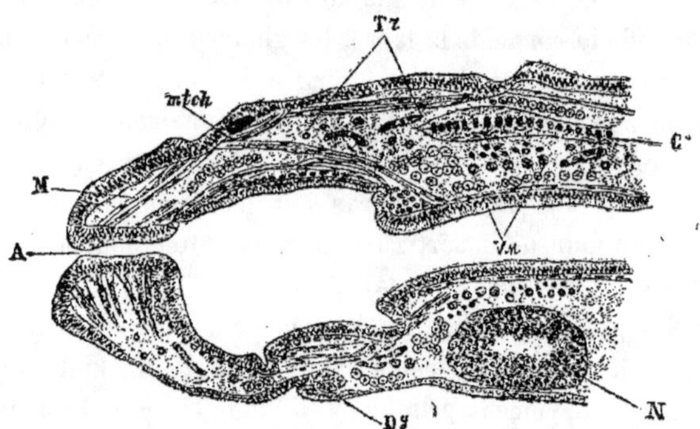

FIG. 43. — Partie d'une coupe longitudinale d'embryon au treizième jour du développement printanier.

Tr, trachées, mtch, muscle sous-jacent de la cellule trichogène, M, muscles rétracteurs de l'intestin postérieur, A, anus, Vu, vaisseaux de Malpighi, C, cœur, N, dernier ganglion nerveux, Dg, ductus ejaculatorius.

avec plus de justesse, des enveloppes dermiques de l'embryon ; c'est le canal éjaculateur des organes sexuels mâles, dont j'ai trouvé les premiers vestiges au onzième jour du développement printanier. Au treizième jour, le rudiment de l'organe en question présente déjà une dépression assez profonde (fig. 43, *D g.*) de l'hypoderme sous l'intestin postérieur ; cette dépression est tapissée de cellules ne différant guère des cellules du *matrix* des enveloppes dermiques. Nous voyons ainsi que le conduit éjaculateur (*ductus ejaculatorius*, il est impossible de donner un autre nom à cet organe) décrit par Hérold pour les mâles des chenilles, existe déjà chez l'embryon dans l'œuf. Il faut faire cependant l'observation que chez la larve à peine sortie de l'œuf, le canal excréteur est encore loin de posséder la forme qui lui est propre chez la larve adulte du ver à soie ; chez la larve du premier jour, il offre l'aspect d'un simple cul-de-sac à fond arrondi ; de plus, le trabécule correspondant chez la larve adulte au *vas deferens* et unissant le *testiculus* à l'appareil éjaculateur ne l'atteint pas encore ici.

Il eût été convenable de parler aussi dans ce chapitre, des organes sensitifs. D'entre eux, je n'ai pu suivre chez l'embryon, que le développement des yeux simples ; mais vu que certaines particularités dans la construction de l'œil d'une larve adulte ne me paraissent pas encore assez éclaircies, et vu que j'ai l'intention de traiter un jour l'histoire du développement des yeux simples, *ocelli,* du *Bombyx mori* en même temps que l'anatomie de cet organe, je m'abstiendrai d'en faire un exposé ici. Je me bornerai à faire observer que la connexion entre les ganglions céphaliques et l'endroit de l'ectoderme où se forme avec le temps l'œil se constitue du moment même de la délimitation du système nerveux : en un mot, le système nerveux, à l'endroit des futurs yeux, ne se détache jamais complètement des lobes céphaliques et le nerf optique n'est pas autre chose qu'un restant de la connexion intime qui avait existé entre l'ectoderme et le système nerveux dans la région des lobes céphaliques. La figure 36 *(o)* nous offre un des stades récents de la formation d'un œil simple, ou le nerf optique présente simplement une agglomération de cellules nerveuses allongées.

CHAPITRE V

LES PRODUITS DU MÉSODERME ET DE L'ENTODERME SECONDAIRE

Destinée des sphères vitellines et leur rapport envers les réactifs. — Dérivés du mésoderme et de l'entoderme secondaire. — Système musculaire du corps; aperçu historique. — Cavité latérale et muscles segmentaires. — Feuilette fibro-intestinale. — Corps adipeux de premier et second ordre. — Intestin moyen et cœur; aperçu historique; formation de l'épithélium de l'intestin moyen; formation du cœur et des corpuscules du sang. — Organes sexuels.

Nous allons examiner dans ce chapitre les dérivés du mésoderme et de l'entoderme secondaire; mais avant d'aborder ce sujet, il nous faut dire quelques mots sur l'entoderme primitif, c'est-à-dire sur les cellules dites vitellines. Nous savons déjà que l'entoderme secondaire se développe à leur dépens, mais toutes les cellules vitellines n'entrent pas dans cette formation : une certaine partie d'entre elles, partie assez considérable (à peu près un tiers), ne participe pas activement à la formation du corps de l'embryon. Une partie de ces cellules reste enfermée dans la cavité de l'intestin moyen et y reste longtemps sans y subir de changement, même lorsque tout l'épithélium de cette partie du canal intestinal s'est complètement formé. Dans la suite, lorsque le canal intestinal commence à fonctionner, et c'est ce qui a lieu dans l'œuf, les cellules vitellines, cachées dans la cavité de l'intestin moyen, se digèrent comme première nourriture de la larve. L'autre partie des cellules demeure entre la séreuse et l'amnion, après la cicatrisation de l'ombilic, qui établissait la communication de la cavité du corps de l'embryon avec le vitellus de l'œuf. Ces cellules s'accumulent ordinairement entre les deux enveloppes embryonnaires mentionnées et forment un peloton assez volumineux situé vis-à-vis des extrémités thoraciques de la larve. Quand celle-ci a rompu l'enveloppe embryonnaire, elle dévore tout ce qui est resté dans la coque; de cette façon, le dernier reste des cellules vitellines tombe dans le canal intestinal de la larve.

Sphères vitellines. — Nous croyons indispensable de compléter l'exposé précédent par quelques mots sur les propriétés histologiques des cellules vitellines. Elles représentent des éléments qui se comportent assez capricieusement envers les réactifs. Observées à l'état frais, sans addition d'un liquide quelconque, ces cellules apparaissent telles que nous les avons décrites, pages 68-69 ; en même temps, leurs contours, quoique visibles, sont extrêmement délicat. Elles deviennent un peu plus apparentes lorsqu'elles sont examinées dans le sang de l'insecte. Telles (c'est-à-dire avec des contours plus apparents) se présentent les cellules vitellines sur les coupes d'œufs durcis dans l'acide chromique. L'action de l'eau fait vivement ressortir les contours des cellules, en même temps celle-ci se gonflent et le plasme avec les granules vitellines, s'agglomère autour du noyau ; tandis qu'un interstice tout à fait lucide apparaît entre le plasma aggloméré au centre et la paroi de la cellule. Le liquide de Müller agit presque de même. L'alcool dilué (à 50 pour 100) donne aux cellules vitellines une forme des plus originales, elles se présentent munies d'une membrane très tranchée et avec un contenu compacte et homogène à la périphérie vésiculaire (à cause de la présence des granules vitellins) au centre. Il est singulier que l'alcool absolu efface complètement les contours des cellules vitellines, et le vitellus, soumis à son action, présente une masse compacte de granules vitellins, dans laquelle sont disséminés des noyaux avec leur portion de plasma ambiant, dont les rayons se perdent entre les granules en question.

Revenons à présent aux dérivés du mésoderme et de l'entoderme secondaire. Tout ce qui ne procède pas de l'ectoderme, se développe à leurs dépens ; au dépens du mésoderme : les muscles du corps, le système musculaire gastrovasculaire, le revêtement du tissu musculo-conjonctif des organes sexuels ; aux dépens de l'entoderme secondaire : l'épithélium de l'intestin moyen, le corps adipeux, le germe des produits sexuels, les éléments du tissu conjonctif nerveux et les corpuscules du sang. J'observerai cependant d'avance qu'à mon regret je ne puis envisager l'origine des germes sexuels et des éléments conjonctivaux du système nerveux du *Bombyx mori*, comme étant définitivement élucidée, et que je n'admets leur origine de l'entoderme secondaire que comme une hypothèse, selon moi fort vraisemblable.

Il s'ensuit que le mésoderme et l'entoderme secondaire donnent naissance aux organes que voici : 1° au système musculaire du corps ; 2° au corps adipeux ; 3° à l'intestin moyen et au cœur et enfin 4° aux organes sexuels. Nous allons donc aborder l'exposition de la marche du développement de ces organes dans l'ordre énuméré.

Système musculaire du corps. — Nous avons vu plus haut de quelle manière Kowalevsky a expliqué pour l'*Hydrophilus* la formation des deux feuillets mésodermiques et la formation de la cavité du corps de l'embryon. Hatschek, ayant examiné les stades moyens du développement chez les Lépidoptères, stades qui correspondent au septième et huitième jour du développement printanier du *Bombyx mori*, a confirmé les observations de Kowalevsky et a ajouté encore que la cavité du corps primitive est segmentée. Cette segmentation de la cavité du corps est également admise par Graber (*die Insecten*, ii) et par Balfour dans son *Traité d'Embryologie comparée*. Dorn, pour la *Gryllotalpa*, a suivi, beaucoup plus loin que ses prédécesseurs, le développement de la musculature du corps. Il a vu que, lorsque les extrémités atteignent un volume considérable chez l'embryon de la taupe-grillon, il apparaît dans la région dorsale une membrane ayant des pulsations, qui s'étend de chaque côté sous le vitellus, depuis les faces latérales de la tête.

L'origine de cette membrane est restée inconnue à l'auteur, mais il est d'avis qu'elle se développe aux dépens du feuillet dermo-musculaire. La membrane en question est liée à une autre membrane analogue qui enveloppe le vitellus, s'enfonçant entre celui-ci et la paroi du corps de l'embryon et qui représente le germe du feuillet intestino-musculaire. A mesure que l'hypoderme commence à envelopper des deux côtés la membrane pulsatrice, cette dernière se désagrège en faisceaux musculaires isolés, et donne de cette façon naissance au système musculaire du corps ; cependant la partie moyenne de la membrane ne se décompose pas en faisceaux musculaires isolés, mais se replie en un tube qui ne représente pas autre chose que le vaisseau dorsal. A défaut de dessins, il est excessivement difficile d'expliquer de quelle manière s'opère la transformation de la partie médiane de la membrane pulsatrice en vaisseau dorsal, mais en tout cas, l'essentiel ici, c'est la déduction qu'en tire l'auteur, savoir : que le cœur ne se forme pas de cellules disséminées, mais des plis du feuillet dermo-musculaire. En effet, sous ce rapport les investigations de Dorn marquent un pas important en avant, quoiqu''il soit douteux, nous le verrons plus bas, qu'il ait complètement raison par rapport à la déduction mentionnée.

Nous avons vu plus haut que, tandis que, pour les autres insectes, la segmentation du mésoderme est décrite pour des stades assez avancés, et comme une segmentation pour ainsi dire passive, dépendant de la division du corps même de l'insecte en anneaux définitifs, chez le *Bombyx mori* la décomposition du mésoderme en segments, a lieu aussitôt après la formation des couches embryonnaires. Suivons à présent la marche ultérieure du développement du mésoderme chez le ver à soie. Nous avons abandonné cette couche germinative (fig. 19) au moment où le mésoderme définitivement désagrégé en segments, a commencé à se diviser dans chaque segment en moitié droite et gauche. Avec le développement ultérieur, cette division du mésoderme en deux moitiés est masquée pendant quelque temps parce que le mésoderme commence à s'étendre de plus en plus, en même temps sa couche s'amincit toujours d'avantage vu qu'à présent l'accroissement du mésoderme ne s'opère que lentement.

Il nous faut signaler maintenant deux moments importants dans la destinée future du mésoderme : *1)* ses segments commencent à se fusionner entre eux, et *2)* à la face interne du mésoderme se forme, des deux côtés, une cavité que Kowalevsky le premier a découvert chez les insectes ; je me permettrai de nommer cette cavité *cavité latérale*. Quant à ce qui concerne le premier moment — la fusion des segments du mésoderme, — celle-ci a définitivement lieu vers le 5e ou 7e jour du développement printanier, lorsque les anneaux définitifs sont déjà nettement visibles. Simultanément avec ce processus, s'en accomplit un autre, susmentionné : la division du mésoderme en deux moitiés symétriques. Néanmoins, quand on ne peut plus distinguer les segments isolés du mésoderme et que celui-ci s'étend en une masse continue sous l'ectoderme, pénétrant aussi en forme de sacs dans les germes des extrémités, sa division en deux moitiés n'a pas encore réussi à s'accomplir. Cette division ne s'effectue pas tout d'un coup sur toute sa longueur ; elle s'arrête par endroits, si longtemps, qu'au moment déjà de la délimitation tout à fait distincte des ganglions nerveux, on rencontre encore des coupes où les masses mésodermiques latérales sont unies par un ponticule mince.

J'ai fait remarquer que le mésoderme commence à s'étendre sous l'ectoderme, simultanément avec sa division. Se déployant de cette façon de plus en plus, le long de ses bords, et atteignant enfin l'endroit où l'ectoderme passe dans l'amnion, le mésoderme s'amincit au point de former une couche unicellulaire. De plus, étant parvenu aux limites désignées, elle paraît, pour ainsi dire, heurter un obstacle et se replie vers la face ventrale de l'embryon, formant aussi une cavité qui sur une coupe transversale, a l'aspect d'une fente, fermée du côté dorsal, ouverte du côté ventral (fig. 38, *i d*). Nous savons que Kowalesvky, Hatschek, Graber et Balfour envisagent cette cavité comme étant un germe de la cavité du corps ; de plus, Hatschek soutient, par rapport aux Lépidoptères, que cette cavité est segmentée. Mes observations sur le ver à soie n'ont confirmé ici ni l'une ni l'autre assertion. Nous eussions pu prendre avec Kowalevsky notre cavité latérale pour la cavité du corps seulement dans le cas où la chose s'accomplirait d'après le schéma que l'auteur nous en donne, c'est-à-dire si la paroi intérieure de la cavité latérale, comme nous l'avons nommée, se transformerait, sans variations ultérieures, en feuillet intestino-musculaire. Nous verrons cependant que chez le *Bombyx mori* la délimitation de ce feuillet ne s'opère pas aussi simplement et qu'elle a lieu au-dessous de la cavité latérale qui demeure après la délimitation du feuillet intestino-musculaire, dans la masse dermo-musculaire, et s'oblitère ensuite graduellement. Quant à l'opinion de Hatschek qui pense que la cavité latérale des Lépidoptères est segmentée, je ne puis l'admettre : tout ce que j'ai observé sous ce rapport chez le ver à soie c'est qu'elle se présente sur les coupes tantôt plus large, tantôt plus étroite, apparaissant tantôt piriforme, tantôt sous la forme d'une fente, ne disparaissant nulle part tout à fait.

Il est nécessaire de dire encore quelques mots sur l'époque de l'apparition et sur le siège de la cavité latérale. Relativement à la première, observons que j'ai rencontré les premiers vestiges de la cavité au septième jour du développement printanier, après que les extrémités s'étaient délimitées d'une façon clairement distincte, mais au onzième jour cette cavité disparaît complètement. Quoique je ne considère pas la cavité latérale comme le germe de la cavité du corps, néanmoins il est, selon moi, hors de doute que Kovalewsky a parfaitement raison d'affirmer que cette cavité a un rapport direct à la formation de l'intestin moyen (nous verrons plus bas quel est ce rapport). Même pendant la courte durée de l'existence de la cavité latérale dans le corps du *Bombyx mori*, on ne la distingue facilement qu'au début de la formation.

Nous avons vu que la cavité latérale tire son origine du repli méso-dermique, à la limite de l'ectoderme et de l'amnion. Après avoir formé le repli, le mésoderme ne descend pas parallèlement à l'autre paroi de la cavité, comme cela a lieu, d'après Kowalevsky, chez l'*Hydrophilus*,

mais il décrit, au contraire, une figure assez compliquée. Cette figure
n'étant pas bien exactement reproduite sur notre figure 45, qui nous offre
l'aspect de la première délimitation de l'intestin moyen, nous l'avons
représentée sur une figure schématique ! complémentaire (fig. 44). Nous
voyons ici que le repli du mésoderme descend d'abord, remonte ensuite,
et, par un brusque retour, forme le coussinet mésodermique *(c)*. Nous
verrons dans la suite que ce coussinet deviendra le centre d'où commen-

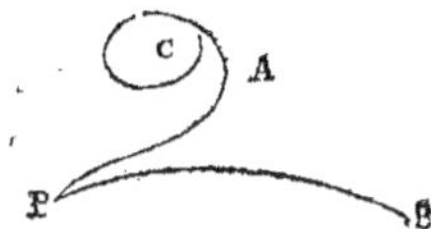

FIG. 44. — Schéma du repli mésodermique qui donne l'origine au feuillet
intestino-musculaire.

cera à se développer vers le haut et vers le bas le feuillet intestino–musculaire dont il représente maintenant le germe. Un examen scrupuleux
des préparations m'amène à la conclusion que c'est précisément à la base
de ce coussinet, à l'endroit désigné sur notre schème par la lettre A, que
s'opère la division des deux feuillets du mésoderme.

A mesure de la délimitation du feuillet intestino-musculaire, le reste
du mésoderme, représentant actuellement le feuillet dermo–musculaire,
se développe considérablement et forme deux masses à couches multiples
s'étendant sous la paroi ventrale de l'embryon. Quoique ces masses
offrent une continuité absolue, néanmoins en examinant les coupes longitudinales et toute une série de coupes transversales, on est nécessai-
rement convaincu que le feuillet dermo-musculaire commence à présenter
une disposition segmentaire, en ce sens qu'on y remarque des épaississements et des amincissements alternatifs de la masse ; les premiers correspondent à la région des ganglions (fig. 45); les seconds à celle des
commissures. Il est hors de doute que nous voyons ici les rudiments
de la musculature segmentaire.

Pendant l'époque où la paroi ventrale est développée principalement
chez l'embryon, le feuillet dermo–musculaire proprement dit représente
aussi deux masses ventrales, n'atteignant en haut que l'endroit où l'hypoderme de l'embryon est épaissie (fig. 45, *ms)*. Ensuite le développement

---

² Pour expliquer cette figure schématique je ferai observer que j'ai reproduit le contour
B. P. A. C. (fig. 44 du texte) d'après la disposition des noyaux dans le mésoderme et que
le point P. de ce schéma correspond à la limite supérieure de la *cavité latérale*, « Mesocoel »
de Graber (1891).

du sac dermo-musculaire, ainsi qu'on peut le nommer dorénavant, s'opère simultanément avec la délimitation de l'hypoderme, et ses deux moitiés tendent en définitive à se fusionner sur la ligne médiane de la face dorsale, trouvant cependant à la région de l'intestin moyen un obstacle dans le cœur commençant à se former et dans lequel s'enfoncent les bouts de plus en plus développés du sac dermo-musculaire donnant naissance aux ailes musculeuses du cœur *(pl. III, fig. 4)*. Le sac dermo-musculaire ayant tapissé les parois du corps, sa décomposition en muscles isolés commence. Nous n'exposerons pas ici la marche même du développement de ces derniers, vu que cela ne serait d'aucun intérêt sans indications détaillées de la disposition des muscles chez la larve adulte.

Quant à l'histogénèse des muscles, je signalerai ici avant tout que j'ai réussi à confirmer sous ce rapport les observations de Bütschli sur le développement de ce tissu chez l'abeille : chaque fibre musculaire se compose de toute une chaîne de cellules et n'est pas le résultat du développement d'une seule cellule. Au début, lorsque le sac dermo-musculaire ne commence pas encore à se désagréger en muscles isolés, il représente simplement une masse de cellules fusiformes ; mais au moment de la formation des fibres musculaires, ces cellules s'unissent par leurs bouts, formant d'abord une rangée de cellules à noyaux ; là-dessus, les limites des cellules disparaissent, et on obtient un stade où la fibre musculaire présente un mince trabécule plasmatique, avec des noyaux disposés le long de son axe (fig. 34, *m).*

Plus tard, dans les fibres musculaires qui se développent, les noyaux changent de position et sont refoulés vers la périphérie (fig. 43, *mtch*). Avec la dislocation des noyaux commencent les changements dans le plasme de la fibre qui est tout à fait homogène au début ; là-dessus, on y remarque alternativement des segments de plasma plus foncé et plus clair ; le dernier apparaît légèrement vésiculeux ; au commencement, la délimitation de ces segments n'est pas très marquée, mais plus tard la différence entre eux devient de plus en plus apparente ; les segments clairs deviennent tout à fait homogènes et on y remarque la ligne de Krause fortement tranchée. Les noyaux des fibres musculaires s'aplatissent de plus en plus et diminuent, selon toute apparence, de nombre ; ceci résulte peut-être de ce que le nombre des noyaux reste le même, tandis que la fibre musculaire s'accroît dans toute sa masse.

Le corps adipeux. —Avant d'exposer l'histoire du développement de cet organe, il nous faut dire quelques mots sur l'entoderme secondaire qui lui donne naissance. Nous connaissons déjà son origine ; nous savons aussi qu'au début, elle se forme presque exclusivement sous la bande-lette germinative et sert à la constitution du mésoderme. Cependant, plus tard, quoique le mésoderme continue à tirer de l'entoderme secon-daire les éléments cellulaires servant à l'accroissement de sa masse, cette dernière devient de plus en plus abondante, non seulement sous la bandelette germinative, mais encore en d'autres endroits. Ainsi nous voyons sur la figure 41 des cellules de ce feuillet réunies en petits groupes disséminés partout, même près de la périphérie de l'œuf, du côté opposé au siège de la bandelette germinative. Ces cellules ont un aspect très caractéristique (fig. 41, 42 et 45) ; leur volume, en moyenne, est de 0^{mm},08 ; leur noyau se colore vivement, on voit autour de lui des prolongements plasmatiques, disposés souvent avec la régularité des raies dans une roue. Dorn est le premier qui a suivi d'une façon détaillée la destinée de ces cellules dans la formation des organes du ver à soie, quoique Bütschli[1] les ait déjà signalées. Dorn, comme nous le verrons, a supposé avec justesse que ces cellules participent à la formation du corps adipeux, mais ignorant leur origine, il confond nos cellules de l'entoderme secondaire, avec les noyaux entourés de plasma, logés à l'intérieur des sphères vitellines (les cellules de l'entoderme primitif) ; voilà pourquoi nous rencontrons chez lui le passage suivant : « On les voit tantôt entre les sphères vitellines tantôt dans les sphères mêmes ». Cette erreur est répétée, comme nous savons par les embryologues ulté-rieurs des insectes.

Cependant après avoir examiné tous les dessins que j'ai présentés, il n'est pas probable qu'on puisse douter que les cellules de l'entoderme secondaire ne soient simplement des cellules filles des sphères vitellines, du moins chez le ver à soie. A tous les stades de l'embryon, tant que sa liaison avec la cavité de l'œuf n'est pas encore rompue, nous voyons les cellules de l'entoderme secondaire se délimiter énergiquement des cel-lules vitellines. Ordinairement, les premières prennent naissance des secondes par bourgeonnement ; quelquefois cependant toute une sphère vitelline se décompose en un complexus de cellules. Nous voyons le premier cas sur la figure 45; la figure 38 et la *figure 3* de la *planche III*,

---

[1] Dorn dit aussi que Weismann a vu ces cellules et qu'il a énoncé [la supposition qu'elles participent à la formation du mésoderme (*Entwick der Dipt.*, p. p. 25, 85) ; je crois, néan-moins, que Weisman mentionne ici simplement les cellules vitellines.

nous offrent le second cas. Nous remarquons, sur la figure 16 du côté droit, une seule cellule vitelline tout à fait dépourvue de granules vitellins. On y aperçoit sur la coupe cinq noyaux ; ladite cellule conserve encore toute son intégrité, mais évidemment elle est prête à se décomposer en un complexus de cellules de l'entoderme secondaire.

Mais revenons au corps adipeux. Pour caractériser sa signification par rapport à son origine, il suffit de dire que le corps adipeux n'est pas autre chose qu'un restant des cellules de l'entoderme secondaire, n'étant pas entré dans la formation des autres organes. En effet, avant que tous les organes n'aient adopté leur forme définitive, nous voyons les cellules de l'entoderme secondaire disséminées partout et encore dépareillées ; mais après que tous les organes de la larve se sont constitués, nous voyons que l'entoderme excédant commence à constituer des chaînes de cellules ; et que ces chaînes commencent à s'anastomoser entre elles et à former des mailles. Ces chaînes à mailles cellulaires de l'entoderme secondaire occupent dans le corps de l'embryon l'endroit où, plus tard, seront situés les lobes du corps adipeux et font de cette façon leur germe.

Chez la larve sortie de l'œuf, le corps adipeux a une constitution fort simple : nous n'y voyons pas encore des lobes cellulaires surchargés de graisse, mais simplement, comme il vient d'être dit, des chaînes de cellules cimentées et disposées en une seule couche de cellules ne différant des éléments de l'entoderme secondaire que par une quantité un peu plus abondante de plasme entourant le noyau *(pl. III, fig. 5)*.

Observons que chez la larve adulte, le corps adipeux n'offre pas une forme unique ; la majeure partie de ses lobes consiste en cellules de grandeur moyenne (0^{mm},016) surabondamment chargées de granules graisseux avec un noyau rond ordinaire. Parallèlement à ces lobes ordinaires du corps adipeux, s'étendent partout d'autres lobes composés de cellules géantes d'un volume de 0^{mm},024 avec un noyau présentant une substance à disposition réticulaire se colorant avec intensité et à plasma jaunâtre finement granuleux. La circonstance que nous trouvons dans le corps de la larve une transition concernant autant la forme que le volume des cellules entre les deux genres signalés du corps adipeux, doit faire naître l'idée de la communauté de leur origine. Mais les observations directes nous enseignent la même chose.

Sur la figure 42, nous voyons sous l'œsophage une masse compacte de cellules, avec un contenu granuleux coloré aux stades ultérieurs de la même manière que le lobe du corps adipeux du second ordre (ainsi que nous le nommerons ici), situé toujours à cet endroit chez la larve adulte. Les limites des cellules ne sont déjà plus aussi tranchées que dans les germes des lobes du corps adipeux ordinaire, quoique les noyaux soient encore simples, sans le moindre indice de ramification. Nous voyons sur le même dessin que cette espèce de corps adipeux tire aussi son origine de l'entoderme secondaire; nous y remarquons avec évidence que les cellules de ce dernier se rapprochent du complexus des cellules graisseuses mentionnées, et, pour ainsi dire, se transforment sous nos yeux en celles-ci.

Il est curieux que Hatschek a vu et représenté la même chose sur ses dessins (pl. VIII, fig. 4 ; pl. IX, fig. 1), mais il l'a compris tout à fait différemment; il voit dans les cellules adipeuses un entoderme transformé (dans son sens), et dans les cellules de l'entoderme secondaire (dans notre sens) qui les entourent des cellules émanées des premières et servant à la formation de l'épithélium de l'intestin moyen. Cela vient de ce que l'auteur mentionné n'a pas vu les stades ultérieurs du développement des Lépidoptères qu'il a observés.

L'intestin moyen et le cœur. — Il existe une liaison si étroite dans le développement de ces deux organes chez le ver à soie que pendant quelque temps l'embryon de notre insecte ne possède pas d'intestin moyen et de cœur isolés, mais seulement un canal gastro-vasculaire dont le compartiment inférieur présente une partie essentielle du canal intestinal, et le compartiment supérieur le vaisseau dorsal. J'ai fait et publié cette observation déjà en l'année 1877. Depuis j'ai suivi avec un grand intérêt les travaux embryologiques, m'attendant à y rencontrer la confirmation ou la réfutation de mes observations ; mais aucun des investigateurs de l'embryologie des insectes n'a effleuré la question qui m'intéressait : ce n'est que moi qui ai réussi à confirmer mes observations personnelles encore sur un autre Lépidoptère : le *Sphynx ocellata*. Cela est d'autant plus regrettable que même dans la littérature antérieure il se trouve très peu d'indications relatives à l'origine de l'intestin moyen ; quant à l'origine du vaisseau dorsal, il n'existe de notions déterminées que chez Dorn, par rapport au *Gryllotalpa* (ainsi qu'il a été mentionné plus haut). Ces notions me portent en même temps à croire que les rapports entre l'intestin moyen et le cœur, que j'ai constatés chez deux Lépidoptères, demeurent, selon toute apparence, aussi les mêmes pour les autres insectes, quoique Dorn, comme nous l'avons vu, fasse dériver le cœur de la taupe-grillon du feuillet dermo-musculaire et non du feuillet intestino-musculaire, comme je le fais moi.

Jusqu'aux indications de Kowalevsky, nous manquons d'indications déterminées sur l'origine de l'intestin moyen chez les insectes. D'après cet auteur, le feuillet intestino-musculaire du *Hydrophilus*, formant avec le temps non seulement la muscularis, mais encore l'épithélium de l'intestin moyen, est constitué par un repli du feuillet musculo-dermique et de cette façon l'intestin moyen des insectes présente sous le rapport génétique une néoformation ; tandis que Kowalevsky est prêt à admettre comme homologue au canal intestinal des autres animaux le tube dorsal découvert par lui chez le *Hydrophilus*. Hatschek envisage la formation de l'intestin moyen des insectes d'une façon toute différente. L'origine du revêtement mésodermique lui est restée complètement inconnue ; quant à celle de l'épithélium de cette partie du canal intestinal, nous rencontrons chez lui des données des plus fantastiques. Aux stades récents, l'auteur trouve sous l'œsophage une agglomération de cellules ; ne sachant rien sur leur origine, il affirme que c'est un germe de l'entoderme. Plus tard, trouvant sous l'œsophage un groupe de cellules caractéristiques (qui n'est, comme nous l'avons vu, pas autre chose qu'une partie du corps adipeux du second ordre), Hatschek soutient que ces cellules repré-sentent une transformation ultérieure de l'entoderme et se constituent dans la suite en épithélium de l'intestin moyen ; le lecteur toutefois a tout le droit d'en douter, vu que l'auteur lui-même n'a vu sous ce rap-port que ces cellules : « commencent à se grouper au bout postérieur de l'œsophage pour donner l'origine à l'intestin moyen *(l. c.,* p. 128). Graber [1] et Balfour ont récemment répété l'hypothèse émise pour la première fois par Dorn, que l'épithélium de l'intestin moyen se développe aux dépens des cellules que nous regardons comme entoderme secon-daire.

Quant au développement du cœur, la littérature nous offre encore moins de notions. Nous ne possédons que les investigations sus-men-tionnées de Dorn et les remarques de Graber qui nous enseigne que les muscles annulaires du cœur tirent leur origine des cellules mésodermi-ques se constituant par paires.

Nous savons déjà par ce qui précède de quelle façon se forme la partie

---

[1] Graber : *Die Insecten*, II Th., p. 407-409.

mésodermique de l'intestin moyen du *Bombyx mori*, ou le feuillet intestino-musculaire de notre insecte. Ce dernier, comme nous le voyons sur la figure 45, présente sur une coupe transversale de chaque côté un coussinet mésodermique. Il est évident que ce coussinet, apparaissant sur chaque coupe transversale, dans la région de l'intestin moyen, correspond à un bourrelet entier s'étendant de chaque côté, depuis l'intestin antérieur jusqu'au postérieur. Avec la délimitation de ces deux bourrelets s'opère une répartition fort remarquable des cellules vitellines dans la cavité du corps de l'embryon. Aux stades récents, le vitellus comme nous l'avons vu sur les figures précédentes, occupe d'une manière continue toute la face inférieure jusqu'au côté opposé de l'œuf. A présent le vitellus en masse commence à s'écarter de l'embryon et ne laisse en

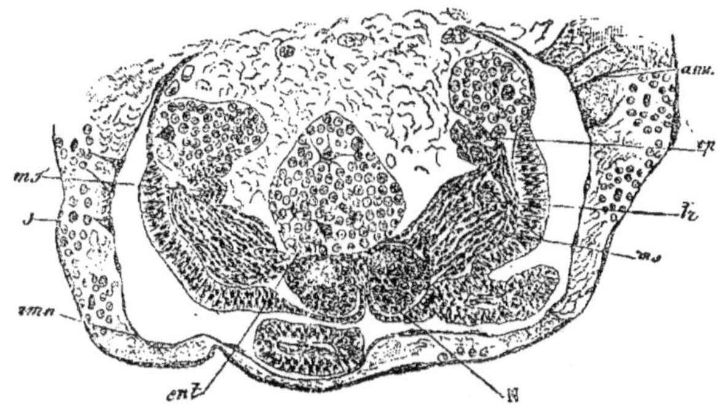

FIG. 45. — Coupe transversale d'un œuf de dix jours.

N, Ganglion nerveux, *amn*, amnion, *s*, séreuse, *ms*, mésoderme, *ep*, épithélium de l'intestin moyen, *ent*, entoderme secondaire.

contact avec les germes de ses organes que trois trabécules de cellules vitellines ; celle du milieu se trouve immédiatement au-dessus de la chaîne nerveuse, les trabécules latérales au-dessus des bourrelets mentionnés du feuillet intestino-musculaire (fig. 45). Le tableau qui en résulte nous rappelle extraordinairement la disposition de l'entoderme de la période correspondante des Vertébrés pour lesquels l'origine entodermique de la corde dorsale est démontrée d'une manière irrécusable : le trabécule moyen correspond à la partie cordale de l'entoderme ; les parties latérales à l'intestinale. De plus, il est nécessaire d'observer que le trabécule moyen des cellules vitellines s'étend au-dessus de toute la chaîne nerveuse, pénétrant entre l'intestin antérieur et postérieur (nous voyons sur la figure 42 une cellule vitelline appartenant à ce trabécule, enclavée entre le ganglion sous-œsophagien et l'œsophage), tandis que les trabécules latéraux des cellules vitellines ne se trouvent que dans la région de l'intestin moyen [1]. Tous les trois trabécules mentionnés des cellules vitellines servent de centre à une formation très énergique de cellules de l'entoderme secondaire. Les cellules de ce feuillet, provenant du trabécule moyen, servent selon toute probabilité exclusivement à la formation du névrilemme et du corps adipeux. De plus, le trabécule même s'isole peu à peu de la masse commune du vitellus, par l'intestin moyen en voie de développement, et disparaît bientôt. Les trabécules latéraux, au contraire, touchant presque au reste du vitellus, en reçoivent constamment le matériel sous forme de cellules vitellines qui y adhèrent de nouveau et non seulement ne diminuent pas dans leur masse, à mesure du développement de l'intestin moyen, mais encore se développent assez pour se fusionner plus tard avec leurs faces adjacentes dirigées l'une vers l'autre. Le rôle que jouent les trabécules vitellines latérales est extrêmement important : ils donnent naissance à l'épithélium de l'intestin moyen, épithélium qui se constitue des cellules de l'entoderme secondaire, émanant de ces trabécules des cellules vitellines. Dans mes observations préliminaires, publiées dans les *Travaux de la Société Impériale des Amis des sciences naturelles*, vol. XXXVII, Protocoles de l'année 1877, et dans le *Zool. Anz.* (1879) j'ai affirmé, d'accord avec Kowalevsky qui l'a admis pour le *Hydrophilus*, que l'épithélium de l'intestin moyen tire son origine du feuillet intestino-musculaire. Plus tard néanmoins, j'ai obtenu toute une série de préparations sur lesquelles j'ai vu clairement la défectuosité de la première supposition. La figure 45 représente une semblable préparation. Nous remarquons ici, au-dessus du coussinet droit, une cellule de l'entoderme secondaire *(ep)* qui vient de se délimiter de sa sphère vitelline et qui tend à se ranger à côté des autres cellules de l'épithélium intestinal. A des stades plus récents que celui que nous offre la fig. 45, quand le germe de l'épithélium ne représente sur la coupe que deux ou trois cellules, on les voit souvent comme plongées dans la cellule vitelline qui leur donne naissance. Si

---

[1] Parmi les insectes, les Lépidoptères ne sont évidemment pas les seuls qui présentent une disposition semblable des cellules vitellines à la période du développement en question, puisque Weismann a observé la même chose chez les Diptères (il a nommé ces trabécules *mittlere* et *seitliche Dotterstreifen*); il est seulement à regretter que l'origine de l'intestin moyen soit restée inconnue à cet auteur. Hatschek a vu la même chose chez les Lépidoptères examinés par lui; mais il en a tiré la déduction erronée que tous les trois trabécules tombent avec le temps dans la cavité de l'intestin moyen.

on ne connaissait pas l'origine des cellules épithéliales, il serait très facile
de les confondre au début de leur formation avec les cellules sous-
jacentes du feuillet intestino-musculaire, d'autant plus que durant les
stades récents les cellules mentionnées ne sont pas disposées en une
couche unique, mais sans ordre, l'une au-dessus de l'autre ; seul le contour assez marqué du coussinet mésodermique, dont il a été fait mention
plus haut, la délimite des cellules de l'épithélium.

Telle est la marche du développement de l'épithélium de l'intestin
moyen. Le commencement de ce développement, comme nous voyons, a
déjà lieu à l'époque où les deux feuillets du mésoderme se trouvent encore
réunis. Plus tard, les deux
bourrelets mésodermiques du
feuillet intestino-musculaire
se délimitent du reste de la
masse du mésoderme et ne restent en communication qu'avec
l'intestin antérieur et postérieur. Après leur délimitation
du sac dermo-musculaire, les
deux germes latéraux de l'intestin moyen commencent à se
développer rapidement vers le
côté ventral et dorsal de l'embryon ; en même temps l'épithélium, comme formation ultérieure, est constamment en
retard dans la croissance de sa
muscularis. Les deux moitiés
de cette dernière se rencontrent

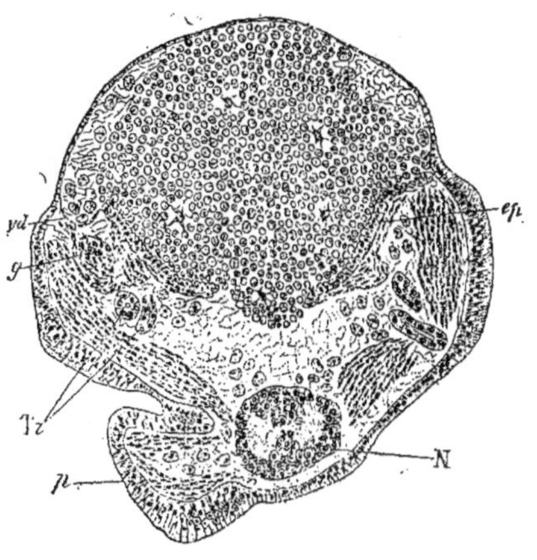

Fig. 46. — Coupe transversale d'embryon de onze
jours du développement printanier (région du cinquième segment abdominal).

N, Ganglion nerveux, *p.* patte, *Tr*, glande séricigène,
ep, épithélium de l'intestin moyen, *vd* vaisseau dorsal,
g, glande sexuelle.

déjà au onzième jour du développement printanier sur la face ventrale et se
fusionnent; il faut observer que cette fusion ne s'opère pas tout d'un coup
sur toute la longueur de l'intestin moyen futur, mais par portions. Le bout
opposé de chaque moitié de la musculaire se développe aussi rapidement,
dépasse bientôt le bout supérieur du feuillet dermo-musculaire attaché à
l'hypoderme, et atteint la limite de la face dorsale de l'embryon (fig. 46)
où il commence à toucher l'hypoderme. De cette façon aux endroits où à
cette époque s'est opérée la fusion de la musculaire de l'intestin moyen,
la cavité de l'embryon à sa face ventrale se présente partagée en deux

étages par un diaphragma qui n'est pas autre chose que la moitié
ventrale de l'intestin moyen ; son épithélium, néanmoins, offre encore
l'aspect de deux lamelles latérales isolées, logées sur la face interne de
la musculaire. Bientôt cependant l'épithélium aussi se fusionne sur la
ligne ventrale médiane ; alors l'intestin moyen représente un hémicylindre à double couche étendue entre l'intestin antérieur et postérieur.

Après que la musculaire de l'intestin moyen a atteint avec son extrémité supérieure l'hypoderme, elle continue à croître, quoique lentement,

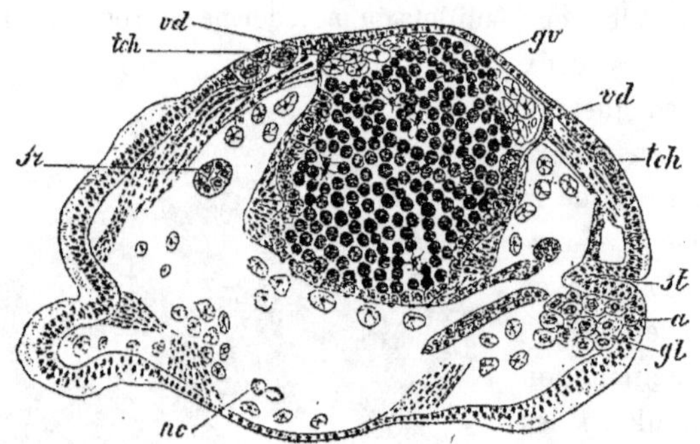

Fig. 47. — Coupe transversale d'embryon à onze jours du développement printanier
(région abdominale).

gv, Limite entre la cavité de l'intestin moyen et du cœur, vd, paroi du vaisseau dorsal, tch, cellules
trichogènes, sr, glande séricigène, gl, corps glanduleux, nc, commissures nerveuses.

dans la direction de la ligne médiane de la face dorsale de l'embryon,
tandis qu'elle s'étend d'une manière continue sous l'hypoderme, s'incor-
porant en passant toute la masse des cellules vitellines, encore demeurées
dans la cavité du corps de l'embryon, de façon qu'il se forme très rapidement dans ce dernier sur toute l'étendue de l'intestin moyen futur,
un large tube rempli de cellules vitellines (fig. 47). Ce tube cependant,
n'est pas l'intestin moyen, mais quelque chose de plus : nous devons y
voir un organe embryonnaire *sui generis*, que nous pouvons nommer un
canal gastro-vasculaire, vu que, comme le prouve le développement
ultérieur, la partie inférieure de ce canal servira à la formation de l'intestin moyen, la partie supérieure à celle du vaisseau dorsal. Si nous
observ ons à ce stade la structure histologique de ce canal gastro-vasculaire, no us voyons que l'épithélium en revêt seulement le compartiment
inférieur, plus grande, et s'arrête comme tranché devant le joint, séparant
cette partie du canal de sa partie supérieure, plus petite. Plus tard le

joint mentionné entre les deux compartiments devient de plus en plus mince, par suite de quoi la délimitation de l'intestin et du cœur devient toujours plus évidente, et ces deux organes adoptent peu à peu la forme qui est propre à la larve extra-ovulaire, quoique leurs cavités demeurent encore réunies *(pl. III, fig. 4)*. La séparation définitive de l'intestin et du cœur ne s'opère pas non plus à la fois sur toute l'étendue, mais par portions, comme il est facile de s'en convaincre en comparant toute la série des coupes d'un œuf, au stade correspondant. Au moment où l'intestin sera complètement délimité du cœur, sa cavité ne sera fermée à la face dorsale que par la seule musculaire ; tandis que la fusion de l'épithélium retarde ici, de même que cela a eu lieu plus tôt sur la face ventrale. Il faut observer cependant qu'après même la séparation définitive des deux organes mentionnés, on peut voir encore longtemps le lien mésodermique qui les unit [1]. Observons ici que la différence dans le calibre du vaisseau dorsal dans ses bouts antérieurs et postérieurs, se manifeste à un degré plus élevé déjà à l'époque où le cœur se délimite de l'intestin, comme on peut en juger par la comparaison de la figure 47, avec la *figure 4, planche III.*

Tel est le développement de l'intestin moyen et du cœur chez le ver à soie. A mon regret, il faut que je note ici une lacune dans mes observations. Le fait est que le vaisseau dorsal atteint déjà chez l'embryon dans l'œuf sa longueur relative complète, c'est-à-dire qu'il parvient à atteindre le cerveau. Je n'ai pas observé de quelle manière s'opère son développement dans la région qui se trouve entre l'extrémité de l'intestin moyen et la tête ; il se peut qu'ici, comme dans le domaine de l'intestin postérieur, ce vaisseau émane simplement de la partie qui s'est formée au-dessus de l'intestin moyen.

Parlons maintenant du degré de développement que le vaisseau dorsal et l'intestin moyen atteignent par rapport à leur structure histologique chez la larve sortant de l'œuf. Commençons par l'intestin. Son épithélium à l'époque de sa délimitation du vaisseau dorsal, ne présente pas encore partout une couche unique *(pl. III, fig. 4)*. Plus tard, ses cellules assez basses se disposent en une seule rangée. A cette époque, elles sont toutes identiques ; leur plasma est homogène ; les noyaux sont logés presqu'au centre des cellules, un peu vers le bas. Bientôt cependant certaines

---

[1] N. W. Nassonoff m'a communiqué qu'il a trouvé un lien semblable entre l'intestin et le cœur chez la larve de la fourmi.

cellules subissent une métamorphose qui aboutit à un changement caractéristique de forme ; elles adoptent celles désignées sous le nom de cellules
en forme de gobelet. La *figure 5, planche III* nous offre la coupe transversale d'une larve à peine sortie de l'œuf. Dans l'épithélium de son intestin
moyen, nous voyons un nombre dominant de cellules, qui ne se distinguent des cellules du stade plus récent dont nous avons parlé plus haut
(pl. III, fig. 4) que par leur plus grand volume ; mais nous y voyons
toutes les 3, 4 de ces cellules alterner avec une cellule cupuliforme. Le
corps de ces dernières est constitué par une couche corticale de plasma
compacte dans lequel tout au bas des cellules est déposé le noyau ; à
l'intérieur de la couche corticale, nous remarquons dans ces cellules un
contenu fluide clair, résultant selon toute probabilité de leur excrétion.
Les limites de toutes les cellules épithéliales de l'intestin moyen sont
très apparentes sur toute leur étendue. Quant à la musculaire de celui-ci,
elle est constituée à cette époque comme on le voit sur la même figure,
de fibres plus minces annulaires, et de fibres plus épaisses, longitudinales
(représentées ici dans leur coupe transversale).

Le cœur de la larve, prête à sortir de l'œuf, possède des parois très
minces et constituées, à ce qu'il paraît, d'une seule couche de muscles
annulaires, avec des noyaux relativement gros, comme chez la larve
adulte ; ces noyaux sont très visibles sur la figure 43, où la coupe a
touché l'une des parois latérales du vaisseau dorsal (C).

Jusqu'ici nous n'avons rien dit des cellules du sang de notre insecte.
Ainsi que Bütschli l'a démontré avec justesse pour l'abeille et Dorn pour
le ver à soie et d'autres insectes, les cellules du sang se développent aux
dépens des cellules vitellines. Ces dernières, durant toute l'époque de la
formation du vaisseau dorsal, emplissent sa cavité qui est très large aux
stades récents et à l'extrémité postérieure du corps. A peine cette cavité
commence-t-elle à s'amoindrir, que les cellules vitellines (sphères) qui
l'emplissent se segmentent rapidement en cellules de l'entoderme secondaire (nous en voyons le début sur la fig. 47), cellules dont le vaisseau
dorsal est bouché pendant longtemps. De cette façon le vaisseau dorsal
à ce moment ne diffère de l'intestin moyen qu'en ce que l'entoderme
secondaire de ce dernier se délimite très lentement des cellules vitellines
et tapisse ensuite comme épithélium ses parois, tandis qu'il se forme
rapidement dans le vaisseau et ne s'unit pas aux parois. Je n'ai pas
étudié en détails la métamorphose des cellules de l'entoderme secondaire
en corpuscules du sang. Cette métamorphose se résume à ce que le plasme

compacte, n'entourant d'abord que le noyau, augmente de masse et remplit graduellement toute la cellule dont le volume diminue un peu. Je pense à ce propos que la transformation des cellules de l'entoderme secondaire en cellules du sang, s'opère non seulement dans la cavité du cœur, mais partout dans le corps.

Après avoir exposé la marche du développement de l'intestin moyen et du vaisseau dorsal, chez le ver à soie, je vais comparer les données, acquises par moi avec les observations de Dorn et de Hatschek qui ont abordé le même sujet quoique par rapport à d'autres insectes. Commençons par le dernier. Nous connaissons déjà son point de vue sur l'origine de l'intestin moyen. Je pense, néanmoins, qu'on peut conclure des faits, observés par Hatschek, que l'intestin moyen des Lépidoptères qu'il a examinés, se développe aussi de la même manière que chez le *Bombyx mori*. Notre auteur mentionne l'existence d'une glande paire provisoire prenant son origine à l'œsophage (s'y ouvrant peut-être), et s'avançant jusqu'à l'intestin postérieur. En jetant un coup d'œil sur les dessins que nous présente l'auteur (pl. IX, fig. 2, 8 et 9), nous sommes aussitôt convaincus, que l'endroit de cette glande supposée correspond justement à l'endroit occupé dans le corps de l'embryon du *Bombyx mori* par les bourrelets du feuillet intestino-musculaire par la formation desquels commence le développement de l'intestin moyen. Hatschek, il est vrai, parle d'un orifice de cette glande, en forme de fente, mais la cavité représentée sur la figure 2, planche IX, rappelle fort peu la lumière d'une glande et n'offre, évidemment qu'un interstice entre les deux parois du pli mésodermique qui forme ici, nous le savons, une figure assez compliquée. Il est encore vrai que la partie antérieure de la glande de Hatschek n'a rien de commun ni par sa forme ni par sa position avec notre bourrelet de l'intestin moyen (*l. c.*, pl. IX, fig. 1) ; mais on peut dire la même chose par rapport à l'analogie de cette partie avec le reste de la glande supposée (*ibid.* fig., 2). Ici notre auteur se trouve complètement dans le faux, en décrivant une formation pour une autre : à juger d'après ses dessins (pl. IX, fig. 6, *b*.) comme d'après mes préparations, j'envisage la formation désignée par Hatschek par la lettre *L* sur la figure 1 (pl. IX) comme étant l'extrémité de la glande séricigène et pas plus, quoique je trouve qu'ici les cellules représentées par lui sont par trop claires.

Ce n'est pas, selon moi, un petit mérite que celui de Dorn d'avoir le premier signalé la formation du cœur chez les insectes, non de cellules errantes conjuguées, mais directement d'une portion d'un feuillet mésodermique. Mes observations appuient en principe celles de l'auteur mentionné ; néanmoins il existe partiellement des différences essentielles, sur lesquelles il est impossible de ne pas s'arrêter : l'auteur prétend que le cœur tire son origine d'une membrane pulsatrice située à la face dorsale au-dessus du vitellus et liée à une autre lamelle revêtant ce vitellus ; Dorn prend avec raison cette dernière pour le feuillet intestino-musculaire, lequel, à son avis, ne participe aucunement à la formation du cœur ; il pense que celui-ci se constitue aux dépens de la partie médiane de la membrane pulsatrice dont les parties latérales entrent dans la formation des muscles dorsaux du corps (et des ailes musculeuses du cœur ?) Nous avons vu, toutefois, qu'on peut se convaincre d'une façon irrécusable par la voie des coupes transversales, que le cœur des insectes de même que le cœur des vertèbrés, se forme précisément aux dépens du feuillet intestino-musculaire.

ORGANES SEXUELS. — Ainsi que Balfour le signale avec raison dans son *Traité d'Embryologie comparée*, nos connaissances sur le développement des organes sexuels des insectes sont encore très insuffisantes, Cela dépend, selon toute probabilité, de ce que les premiers indices de ces organes sont difficilement à reconnaître. C'est ainsi que s'explique entre autres la circonstance que ni Kowalevsky, ayant observé le développement de l'*Hydrophilus* à tous ses stades par la voie des coupes transversales, ni Graber qui, selon toute apparence, possède toute une série de coupes d'œufs des insectes les plus variés, ne nous apprennent rien au sujet de cet organe.

Nous trouvons chez Suckow les premières indications sur la formation des organes sexuels, c'est lui qui a cru trouver que le germe de ces organes chez les Lépidoptéres tire son origine du canal intestinal. [1] Cette observation toutefois, ne peut être pour nous d'une grande importance, vu qu'avec les procédés techniques qui étaient à la disposition de l'auteur mentionné, il est presqu'impossible de résoudre une telle question. Le fait que Ganine a vu chez le *Platygaster* l'apparition du germe des organes sexuels dans le voisinage de l'intestin postérieur, ne peut-être considéré comme confirmation des observations de Suckow. Le dernier partisan de cette opinion, Brandt, ne cite pas non plus de faits

---

[1] A mon regret, je n'ai pas sous la main les œuvres de Suckow, mais si la traduction de Brandt est littéraire (*l. c.*, p. 102), je doute que lui et Balfour aient raison d'attribuer à Suckow la découverte de l'origine du germe sexuel de l'intestin postérieur.

directs qui le confirmeraient. Metschnikoff signale un mode tout à fait particulier de l'origine des organes sexuels chez la *Cecidomyia* chez laquelle, d'après lui, la partie essentielle de l'organe, les produits sexuels, se développent aux dépens des cellules désignées sous le nom de cellules polaires. (Plus tard Leuckart, pour la *Cecidomyia*, et Grimm pour le *Chironomus*, ont confirmé cette opinion.) Ces cellules polaires sont, par leur origine, ni plus ni moins que des cellules blastoder-miques. Une lacune sérieuse, néanmoins, se présente ici : Metschnikoff n'a pas indiqué de quelle façon ces cellules viennent à former le germe sexuel commun. Ajoutons enfin que Bütschli a vu chez l'abeille les pre-miers rudiments des organes sexuels, sous la forme de deux masses cellulaires, à droite et à gauche du vaisseau dorsal.

Le stade le plus récent que j'ai trouvé chez le ver à soie, est celui qui est représenté sur la figure 46. Ce dessin nous offre la coupe trans-versale d'un embryon, à la limite des intestins moyen et postérieur. Nous voyons ici un groupe de cellules, entouré de mésoderme et adhé-rent solidement au feuillet intestino-musculaire *(g)*, c'est précisément le germe des organes sexuels (visibles sur la figure que d'un côté). Ignorant les stades, ultérieurs, ce germe des organes sexuels peut-être pris pour une simple agglomération de cellules de mésoderme, vu qu'au stade observé l'organe entier n'est encore pas délimité. Les cellules qui serviront avec le temps à la formation des produits sexuels, et qui par conséquent constituent une partie essentielle du germe, ne diffèrent guère du mésoderme qui les entoure ; le plasme seul se colore plus fai-blement et les noyaux sont un peu plus gros que dans les cellules méso-dermiques. Toutefois, avec le développement ultérieur, le revêtement du germe sexuel se délimite de plus en plus et les cellules sexuelles mêmes tendent à prendre une disposition radiale, ce qui représente la figure 48, où le germe sexuel *(G)* est visible sur une coupe longitu-dinale.

Ainsi, le germe des organes sexuels est formé de deux parties : de cellules *sui generis*, représentant le premier stade des produits sexuels (à juger d'après le développement ultérieur), et du revêtement méso-dermique. Ce dernier commence bientôt à se délimiter de plus en plus et se transforme enfin en une capsule de parois assez minces, d'où partent plus ard, apparamment comme de simples accroisse ments, les trabécules conjonctives qui fixent les organes sexuels aux autres organes voisins. Une de ces trabécules est aussi celle qui correspond au canal sexuel[1], qui

se rattache chez une larve adulte femelle du ver à soie, à la face ventrale
du corps, sur la limite du dixième et onzième anneau et se confond
chez les mâles avec le *ductus ejaculatorius* de l'embryon. Cette trabécule forme, chez la larve à peine sortie de l'œuf un renflement adhé-
rent au centre de la glande sexuelle où elle prend son origine. Il faut que
je note ici que je n'ai pas réussi à constater sur les embryons du *Bombyx
mori* et des larves à peine sorties de l'œuf, la différence entre l'ovaire

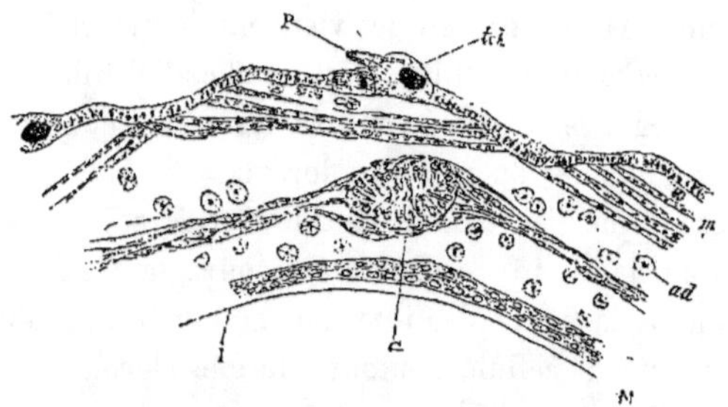

FIG. 48. — Partie d'une coupe longitudinale de l'embryon au treizième jour
du développement printanier.
P, poil, *tch*, cellules trichogènes *g*, germe sexuel.

et le testicule que Bessels a signalée : il dit que chez le premier, le canal
sexuel commun apparaît du bord postérieur, chez le second, au milieu ;
selon moi, au contraire, les deux glandes sexuelles ne diffèrent pas l'une
de l'autre. En revanche, je puis indiquer ici une différence mieux déterminée, existant entre les embryons mâles et les embryons femelles,
savoir : l'existence chez les mâles encore dans l'œuf du *ductus ejaculatorius* s'ouvrant au dehors.

Il s'agit d'aborder maintenant la question suivante : d'où proviennent
les germes sexuels? Avant tout, il faut que je fasse observer ici que je
n'ai rien trouvé chez le ver à soie, qui confirmât la conjecture de
Suckow, soutenue par Brandt comme une supposition vraisemblable[2]. La
préparation représentée par moi sur la figure 46 offre une coupe trans-

---

[1] Brandt (*l. c.*), a vu la lumière de ces canaux sexuels larvaux tapissée d'épithélium.
Ainsi que nous le verrons à un autre endroit, une lumière semblable le long du canal chez
les larves, même adultes du *Bombyx mori* n'existe pas : tout ce que j'ai réussi à remarquer
sous ce rapport, c'est, chez les mâles, une lumière au début du canal et une cavité à sa fin ;
chez les femelles seulement au début.

[2] Bien des considérations théoriques parlent aussi contre la possibilité d'admettre que le
germe sexuel tire son origine de l'intestin postérieur (comp. A. Bogdanoff, *Zoologie
médicale*, en russe).

versale choisie dans toute une série. Je n'ai jamais réussi ni dans cette série, ni dans d'autres, à obtenir des préparations qui auraient constaté la liaison entre le germe sexuel et l'intestin. Entre la dernière coupe traversant les organes sexuels, et la première, traversant l'intestin postérieur, il ne m'arrivait d'en obtenir à l'endroit où auraient dû être disposée la suite des organes sexuels qu'une agglomération des cellules de l'entoderme secondaire et pas davantage.

De mon côté, en trouvant les germes sexuels, dès le premier stade, entourés de mésoderme dont les cellules ne diffèrent qu'insensiblement des cellules sexuelles au premier degré de leur développement, j'ai cru que les organes sexuels tiraient leur origine de cette couche germinative, mais après m'être familiarisé plus tard avec le rôle important que remplit l'entoderme secondaire dans la formation de différents organes, j'incline à admettre que la partie essentielle des organes sexuels se constitue aussi à ses dépens. Pour émettre cette supposition, je m'appuie sur les données suivantes : 1° à l'époque de la formation des organes sexuels, les deux autres couches, l'ectoderme et le mésoderme se sont déjà notablement différenciées, tandis que l'entoderme dans sa masse principale, conserve encore toute sa neutralité; 2° ses cellules disséminées sont disposées aussi en quantité considérable près de l'endroit où le germe sexuel prend naissance; 3° à juger, non d'après le texte, mais d'après les dessins de Bütschli, on pourrait penser que cet auteur a vu directement la formation du germe sexuel des cellules de notre entoderme secondaire.

SUPPLÉMENT AUX CHAPITRES II-V

STADES ULTÉRIEURS

Enveloppes embryonnaires ; trabécules unissant l'amnion à la séreuse; déplacement du vitellus entre les enveloppes. — Derniers stades de développement du canal intestinal. — Sortie de la larve. — Disposition des poils sur la larve.

Après nous être familiarisé avec les changements extérieurs de l'embryon ainsi qu'avec le développement de ses organes, il est nécessaire de faire quelques remarques complétives à l'égard. des lacunes qu'on trouve dans notre tableau de l'histoire du développement du ver à soie.

Enveloppes embryonnaires. — Parlons avant tout des enveloppes embryonnaires. Nous avons vu plus haut comment elles se forment (chap. III). Après avoir pris naissance et avoir de plus en plus entouré de leur pli l'embryon, les enveloppes finissent par se clore. A l'endroit de leur clôture s'opère plus tard la rupture habituelle, permettant aux cellules vitellines de pénétrer partout, entre l'amnion et la séreuse. Cette pénétration du vitellus entre les deux enveloppes ne s'effectue que graduellement, comme on en peut juger d'après les figures 14 et 16. Tant que l'entoderme secondaire n'est pas encore en voie de délimitation, l'amnion et la séreuse restent libres ; mais lorsqu'à la moitié du développement les cellules de l'entoderme secondaire deviennent si actives qu'elles donnent naissance à toute une série de formations dans le corps même de l'embryon, elles constituent ici aussi des trabécules plasmatiques particulières, unissant l'amnion et la séreuse, rappelant d'après la forme tout à fait les trabécules que Metschnikoff[1] a trouvées entre ces enveloppes chez le scorpion. J'ai longtemps été sans savoir d'où ces trabécules tirent leur origine, jusqu'à ce que j'ai eu la chance de tomber sur un œuf du dixième jour du développement, présentant sous ce rapport un grand intérêt. Ici, j'ai pu suivre pas à pas le développement des trabécules mentionnées. J'ai souvent vu des cellules étoilées de l'entoderme secondaire avec des prolongements très longs, dont l'un se joignait à une cellule amnionaire, un autre à la séreuse ; le reste de ces prolongements plus minces, se perdait en partie complètement dans la masse albumineuse, remplissant les interstices entre des cellules vitellines, pouvant même être suivis jusqu'à ces dernières. A côté de telles cellules, on pouvait remarquer des trabécules complètement achevées, avec un restant de noyau sur n'importe quel point de leur étendue ; aux stades plus avancés il est déjà difficile de trouver des noyaux dans les trabécules, et c'est à cause de cela que j'ai cru longtemps que les trabécules de jonction formaient un prolongement direct des cellules amnionaires. J'incline à croire que l'origine des trabécules de jonction du ver à soie et du scorpion est la même ; cependant le lien entre l'amnion et la séreuse est plus faible chez le premier que chez le second, où il se trouve beaucoup plus de trabécules, ainsi qu'on peut le remarquer en comparant les dessins de Metschnikoff avec les miens.

Comme de raison, l'étendue de la séreuse reste la même tout le temps

---

[1] Metschnikoff : Embryologie des Scorpions (*Z. f. w Z.*, Bd., XXI).

et correspond au volume de l'œuf ; l'amnion, au contraire, s'accroît considérablement à mesure de la croissance de l'embryon. Au commencement, son étendue est presque égale à celle de la face ventrale de l'embryon, mais en proportion de la délimitation du côté dorsal de l'embryon s'accroît aussi l'étendue de l'amnion, de façon qu'à la fin du développement, l'amnion double de dimension, car d'abord il ne formait qu'un hémicylindre enveloppant la bandelette germinative à la façon d'une coiffe ; plus tard il constitue une enveloppe complètement close, recouvrant l'embryon aussi à la face dorsale. La croissance de l'amnion marche de front avec la croissance de l'embryon, et quand la face dorsale de celui-ci commence à se délimiter, l'amnion, toujours lié à son ectoderme, apparaît aussi à la face dorsale. Cette dernière se délimite des deux pôles, dans la direction d'un certain point idéal situé dans le thorax futur. L'amnion étant toujours lié à l'ectoderme de l'embryon aux endroits de sa délimitation, toute la marche du développement de la partie dorsale de l'embryon se présente à nous, pour ainsi dire, sous la forme d'un rétrécissement graduel du radicule amnionnaire, comme il a été mentionné plus haut, jusqu'à ce qu'enfin ce radicule se transforme en un mince ombilic. A cette époque l'embryon est déjà en train de se retourner. Sur la figure 40 nous voyons le premier stade de la rotation, lorsque la partie antérieure de l'embryon s'est encore plus repliée sur le dos, que cela n'était à un stade plus récent, tandis que la partie postérieure se replie déjà sur la face ventrale. A ce moment, la masse presque entière du vitellus n'étant pas incorporée à l'embryon se loge au-dessus de sa face dorsale. Plus tard, les bouts céphalique et caudal de l'embryon se replient brusquement sur le ventre, par suite de quoi la face dorsale devient fortement convexe et opère de cette façon une pression sur le vitellus situé au-dessus de l'ombilic ; le vitellus passe graduellement du côté opposé, s'accumulant de plus en plus entre la séreuse et l'amnion, sous la côte ventrale de l'embryon, et précisément comme nous l'avons déjà vu, sous la partie antérieure. Avec le temps, tout le vitellus disparaît peu à peu du côté dorsal de l'œuf, de façon que l'amnion et la séreuse se trouvent ici en contact immédiat. Lorsque cela arrive, l'ombilic se rétrécit de plus en plus, pour s'oblitérer enfin complètement et se détacher de l'ectoderme de l'embryon, de façon qu'il se forme entre l'ectoderme et les enveloppes embryonnaires une solution de continuité complète. Là-dessus les enveloppes embryonnaires ne représentent plus un organe de l'embryon, mais une simple masse nutritive qui est dévorée, ainsi que Ganin [1] l'a signalé, par la larve avant sa sortie de la coque.

CANAL INTESTINAL. — Au moment où l'ombilic s'oblitère et que l'embryon rompt sa liaison avec les enveloppes embryonnaires, il ne diffère plus sensiblement de la larve éclose, à l'exception du canal intestinal seul. Ce dernier se présente encore en ce moment composé de trois parties isolées ; en même temps, les intestins antérieur et postérieur sont tout à fait vides ; l'intestin moyen est rempli de vitellus, dans lequel les noyaux des cellules vitellines dont les limites, quoique presque invisibles, peuvent encore être distinguées. Ensuite on peut suivre graduellement la manière dont le vitellus dans l'intestin commence à changer de consistance ; en même temps, les limites des granules vitellins mêmes disparaissent et tout le vitellus se métamorphose peu à peu en une masse uniforme, ayant perdu la faculté de luire et ayant changé sa coloration jaune d'or en teinte grisâtre. Les cellules épithéliales de l'intestin moyen commencent maintenant à s'emplir de vésicules claires. A cette époque, les cloisons séparant l'intestin moyen de l'antérieur et du postérieur sont déjà rompues, et la masse nutritive emplit tous les trois compartiments du canal intestinal. On distingue dans le compartiment antérieur l'œsophage et le ventricule ; le premier présente des parois affaissées ; le second, au contraire, est extrêmement dilaté et pourvu de plis descendant profondément dans la cavité de l'intestin moyen.

Il est hors de doute que la première nourriture de la larve consistant en vitellus ainsi qu'en enveloppes embryonnaires détachées subit tout le processus de la digestion pendant que la larve n'est pas encore éclose. On peut suivre pas à pas de quelle façon le contenu du canal intestinal devient de plus en plus foncé, et s'accumulant dans l'intestin postérieur finit par adopter la forme caractéristique d'une masse noire constituant les premières déjections de la larve.

SORTIE DE LA LARVE. — M'en rapportant complètement aux observations de Ganin, que la larve du ver à soie dévore les deux enveloppes embryonnaires, je n'ai pas cherché à confirmer cette opinion par des investigations personnelles. Ce qui donne néanmoins raison à l'auteur,

---

[1] M. Ganin. *Ueber die Embryonalhüllen der Hymenopteren und Lepidopteren-embryonen.*

c'est que je n'ai jamais réussi à découvrir à l'intérieur de la coque abandonnée par la larve (ou même dans des œufs dans lesquels les larves, s'étant complètement développées, n'ont pas eu la force, pour des raisons quelconques, d'éclore) nuls restes d'enveloppes embryonnaires. D'un autre côté, j'ai pu suivre dans tous ses détails de quelle manière la larve perce la coque. Je ferai observer avant tout que la larve la perce toujours dans la région du *micropyle*, un peu obliquement par rapport à l'axe longitudinal ; elle ronge une partie non de la face étroite, mais de la face large de la coque. En suivant le travail de la larve sous le microscope, on peut observer comment elle tranche la coque à l'aide de ses man-dibules, comme à l'aide de ciseaux, dont le tranchant est ébréché en forme de scie.

De cette façon la larve ne perce la coque qu'au début du travail, mais ensuite elle agrandit l'ouverture en la coupant sur ses bords, morceau par morceau. A cette occasion on peut voir qu'il se détache souvent des morceaux d'une grandeur considérable. Quoique ces rognures de la coque ne peuvent sans doute former de substance nutritive, elles finissent pourtant par pénétrer dans l'orifice buccal de la larve et traversent ensuite sans transformation aucune le canal intestinal. Chez des larves à peine écloses, j'ai trouvé les rognures de chorion dans l'intestin moyen ; de même, dans les premières déjections des vers à soie, rejetées par eux avant qu'ils commencent à dévorer les feuilles de mûrier, j'ai toujours trouvé des morceaux de chorion, comme cela s'entend de soi-même, sans le moindre changement.

Vu que la figure 12, planche IV, du traité de Maëstri ne représente pas avec assez d'exactitude et de clarté la disposition des poils sur le corps de la larve à peine éclose, je ferai observer ici que ces poils à peu d'exception près, sont disposés avec une régularité parfaite : de chaque côté de chaque anneau *(pl. III, fig. 6)* ils sont répartis en trois faisceaux (4 à 5 poils dans chacun), formant une courbe dont le sommet est dirigé vers le devant ; par rapport aux stigmates, ces trois faisceaux sont disposés de façon que le faisceau supérieur lui est directement superposé ; celui du milieu occupe une position supério-antérieure, le faisceau inférieur, une disposition inério-postérieure.

CHAPITRE VI

CONCLUSIONS DÉFINITIVES

Chromosomes. — Corpuscules intérieurs. — Recherches récentes de Graber sur le développement du Bombyx mori. — Destinée des cellules vitellines chez les insectes. — Développement du cœur. — Endocranium.

J'ai déjà expliqué dans la préface, pourquoi j'ai cru bien faire d'omettre le dernier chapitre de mon traité, consacré aux conclusions générales, et de les remplacer par un nouveau chapitre auquel je donne le titre de : *Conclusions définitives*, et dans lequel je compare quelques uns des résultats de mes investigations avec le résultat d'autres travaux, consacrés à l'histoire du développement des insectes, travaux apparus après la publication de mon œuvre en langue russe. Je ne me permettrai pas d'entrer ici dans beaucoup de détails, et ne toucherai qu'aux plus essentiels.

CHROMOSOMES. — Au moment de la publication de mon œuvre en 1882, les détails du processus de la fécondation chez les insectes et les transformations auxquelles, à cette époque, est soumis le noyau de l'œuf, étaient tout à fait inconnus; c'est pourquoi, je l'avoue, le tableau représentant sur la figure 8, *C.* du texte, le noyau de l'œuf, m'a extrêmement surpris. Maintenant, après la publication du beau travail de Henking[1] sur la fécondation des Lépidoptères *(Pieris)*, je ne doute plus que ce que j'ai vu et représenté sur les dessins ci-mentionnés, ne soit autre chose qu'un noyau désagrégé en chromosomes isolés.

Plus tard, je n'ai jamais réussi à observer moi-même ce stade, mais sur les préparations de Mme O. Tikhomiroff, s'occupant en ce moment de l'histoire du développement du *Pulex serraticeps*[2], j'ai pu voir des chromosomes du même type que chez la *Pieris* observée par Henking; si ma supposition concernant la figure 8, *C.*, est fondée, les chromosomes,

---

[1] *Zeitschrift f. w. Zoologie*, Bd. XLVIII.

[2] L'extrait de ce travail est déjà publié dans le *Journal de la section Zoologique* (en russe) 1890. De la *Société des Amis des sciences naturelles*.

du noyau non fécondé de l'œuf du *Bombyx mori*, se distinguent par un trop petit espace clair au centre et par une couche périphérique de chromatine trop épaisse.

CORPUSCULES INTÉRIEURS. — En parlant dans le chapitre II, des éléments situés à l'intérieur du vitellus au moment de la segmentation et après, je désigne ces éléments sous le nom de *corpuscules intérieurs* et non pas de *cellules délimitées*, comme le font la plupart des investigateurs de l'histoire du développement des insectes ; je vois dans les corpuscules intérieurs des noyaux entourés de plasma cellulaire, pas complètement délimité, mais se perdant dans la masse du vitellus. L'opinion soutenue par moi en 1880, est encore la même aujourd'hui ; cependant, il faut que je fasse observer qu'en me basant sur mes propres observations, comme sur celles d'investigateurs étrangers, je ne puis plus soutenir en ce moment le point de vue émis par moi dans le texte russe de mon ouvrage comme si les corpuscules intérieurs représentaient le produit de la division du noyau seul : il est évident que le plasma de chaque corpuscule intérieur entourant le noyau de ce dernier, n'émane pas du noyau de l'œuf, mais représente, un segment pas encore délimité du plasma vitellin.

RECHERCHES RÉCENTES DE GRABER. — V. Graber[1] dans son ouvrage très minutieux et fort intéressant *Vergleichende Studien am Keimstreif der Insecten*, communique également les résultats de ses investigations sur le *Bombyx mori*. Il est indispensable de faire ici mention des résultats du travail de Graber qui complètent le mien, ainsi que de ceux qui ne sont ou qui ne semblent pas d'accord avec les miens.

Le premier complément important concerne les observations de Graber sur la segmentation primitive de l'embryon du *Bombyx mori* ou sur la division de son corps en macrosomites, c'est-à-dire en métamères correspondant non aux anneaux définitifs du corps de la larve, mais à de grands compartiments comprenant plusieurs microsomites futurs, correspondant aux anneaux définitifs du corps. Sur ses figures 96, 97 et 98 (pl. VIII), Graber offre trois stades, complétant la série représentée sur mes dessins. Ces trois stades, d'après le degré de leur développement, doivent occuper une place entre les stades qui sont représentés par mes

---

[1] *Denkschriften der Kaiserlichen Academie der Wissenschaften, Wien, 1890.*

figures.22 et 23 du texte. La figure 96 de Graber nous offre un embryon, segmenté en quatre macrosomites[1] dont le premier correspond à tous les somites définitifs de la tête, le second à ceux du thorax, le troisième et le quatrième ensemble à ceux de l'abdomen. Les dessins 97 et 98 représentent la segmentation ultérieure ; nous voyons sur la dernière figure un embryon, dont le premier macrosomite constitue la totalité de somite procéphalique et du premier gnathal, le second de deux somites gnataux postérieurs, le troisième de trois microsomites du thorax, et les deux derniers, la totalité de tous les somites de l'abdomen.

En parlant de l'origine de l'entoderme chez les insectes, Graber, p. 39, (659), m'attribue une erreur dont je ne puis, néanmoins, d'aucune façon me reconnaître coupable. Graber pense que sous le nom de germe de la « lèvre inférieure vraie » comme je l'ai nommée, j'ai décrit le germe anté-rieur de l'entoderme (luisant naturellement, à travers la paroi ventrale de l'embryon). Graber lui-même tombe ici dans une erreur (apparemment parce qu'il n'a fait ses conclusions que d'après les dessins) : ce que Graber a pris pour le germe antérieur de l'entoderme, et ce qu'il a désigné sur sa figure 108 (pl. IX) par les lettres P. E. m'était par-faitement connu, et a été représenté par moi sur la figure 42 (dési-gné par les lettres c. ad). Rappelons que Hatschenk[2] a été prêt à envisager la formation dont il est question, comme germe de tout l'entoderme : je le conteste cependant, comme le lecteur le sait déjà (v. pp. 134 et 141).

Je crois aussi indispensable de rectifier une autre erreur de Graber, concernant mes observations sur le *Bombyx mori*, erreur résultée, cette fois-ci, par ma propre faute. Page 82 (702) de son œuvre, Graber dit qu'à juger d'après mes dessins, on pourrait croire que les extrémités rudi-mentaires abdominales, sur les segments sur lesquels elles font défaut chez la larve adulte, disparaissent au commencement pour reparaître plus tard ; pour confirmer ce qui précède, Graber indique ma figure 29. Il faut que je fasse ici l'observation que celui-ci, ainsi que les figures 30 et 33, ne représentent que les extrémités que nous pouvons voir aussi chez la larve adulte ; mais sur ces mêmes dessins, on distingue aussi les ganglions nerveux, luisant à travers la paroi ventrale (à mon grand regret, il n'en a pas été fait mention dans le texte). Ce sont préci-

---

[1] Du reste, le lecteur voit facilement ces quatre macrosomites aussi sur ma figure 22.

[2] Hatschek, B., *Beiträge zur Ewtwickelung der Lepidopteren (Jen. Zeitschrift Bd. XI).*

sément ces ganglions que Graber a pris sur ma figure 29, pour les extrémités abdominales : on en voit ici trois paires [1].

Page 84 (704), Graber rectifiant mon erreur, indique : 1° que le stigmate du premier anneau abdominal apparaît simultanément avec les stigmates du reste des anneaux, et 2° que le premier anneau abdominal
n'est pas non plus dépourvu d'extrémités abdominales rudimentaires
(disparaissant plus tard).

Hatschek *(l. c.)*, comme on sait, a démontré le premier, que dans la
formation du système nerveux des insectes, participe aussi le fond du
sillon longitudinal correspondant par sa situation, au sillon nerveux des
vertébrés. Ceci a été également confirmé par mes investigations personnelles sur le développement du système nerveux du *Bombyx mori*.
Selon toute apparence néanmoins, Hatschek et moi, nous nous sommes
trompés tous deux, supposant que le fond du sillon mentionné ne se délimite de l'ectoderme que dans la région des ganglions : les observations
scrupuleuses de Graber à l'égard d'autres insectes *(Melolontha vulgaris,*
Pl. V de son œuvre sus-mentionnée) ont démontré que le fond du sillon
nerveux se détache sur toute son étendue. La même chose a probablement
lieu chez le *Bombyx mori.*

Destinée des cellules vitellines. — Les investigateurs de l'histoire
du développement des insectes, ont consacré beaucoup de labeur et de
soins à l'élucidation du rôle que jouent les cellules vitellines (ou dans
le cas où il ne se trouve pas de cellules délimitées dans le vitellus, les
noyaux vitellins) dans la formation des couches embryonnaires. Le
lecteur sait que, dans mon traité, je soutiens que la totalité des
éléments vitellins constitue l'entoderme primitif, qui se transforme avec
le temps en partie en entoderme secondaire, en partie sert de nourriture
à l'embryon, de même que l'ectoderme primitif sert à former en partie
l'ectoderme définitif de l'embryon, et entre en partie dans la formation
des enveloppes embryonnaires qui servent souvent, sinon toujours, de
nourriture à la larve à son éclosion.

Il me semble avoir donné des preuves suffisantes autant en faveur de
l'opinion que le mésoderme se constitue aux dépens des cellules vitellines
(à l'exception de la portion de ce feuillet qui se forme par voie de déli-

---

[1] Ce dessin n'a pas tout à fait réussi, la moitié gauche, entre autre, du bord ventrale de
l'orifice anal y est représenté d'une façon beaucoup trop apparente.

mitation du sillon primitif), comme en faveur de celle que l'épithélium
de l'intestin moyen se constitue aux dépens de ces mêmes cellules vitellines. Toutefois, quoique près de dix ans se soient écoulés depuis la
publication de mon ouvrage, et quoique précisément pendant les dernières
années en Europe et en Amérique, on se soit remis énergiquement à
l'étude de l'histoire du développement des insectes, la question de l'origine de l'entoderme secondaire *(Darmdrüsenblatt* des auteurs allemands)
est toujours encore controversée. De plus la plupart des investigateurs
modernes, inclinent, selon toute apparence, à considérer les portions
antérieures et postérieures du sillon primitif comme deux centres d'origine
de ce feuillet. Graber s'exprime dans son article bien des fois cité (p. 40,
660) de la façon suivante : « Nous admettons préliminairement que le
germe antérieur et postérieur de l'entoderme secondaire *(Drüsenblatt)*
tire son origine du ptichoblaste ». (Par ce terme, Graber désigne la totalité
des éléments histologiques se formant par voie d'involution du sillon
primitif). Wheeler [1] un des plus récents auteurs américains, confirme la
même chose, mais avec plus de précision. Une telle origine de l'entoderme
de la *Doryphora decemlineata* est représentée par cet auteur sur ses
figures 82, 87, 88.

Tout récemment Mme O. Tikhomiroff et moi-même, nous nous sommes
réunis pour l'étude de l'origine du mésoderme chez différents insectes,
et je puis confirmer ici que la participation des cellules vitellines dans
la formation du mésoderme et de l'épithélium de l'intestin moyen est
très clairement vue sur les préparations de Mme O. Tikhomiroff chez
la *Chrysopa* et la *Pulex* et sur mes propres préparations, de la
Calandra granaria. Je possède entre autres, une série de préparations
relatives à l'histoire du développement de la *Calandra granaria*, correspondant à la série à laquelle se rapporte aussi la figure ci-men-
tionnée 88 de Wheeler, et sur laquelle cet auteur nous représente l'émanation des premières cellules endodermiques des cellules constituant le
fond du sillon primitif. Et bien, sur mes préparations, j'aperçois distinctement, précisément à cet endroit, c'est-à-dire au pôle postérieur de
l'embryon, la participation des noyaux vitellins dans la formation de
l'entoderme (secondaire); je puis suivre ici pas à pas, de quelle façon
ces noyaux concentrent autour d'eux le plasma vitellin (dans lequel

[1] W. M. Wheeler. *The Embryology of Blatta germanica and Doryphora decemlineata (Journal of Morphology*, vol. III, n° 2.)

pénètrent fréquemment de petites granules vitellines), qui, au début, n'est souvent que faiblement délimité (il n'a pas de contour rond) ; comment ensuite il se forme autour de ces noyaux un corps cellulaire rond, et comment enfin des cellules formées de cette façon et relativement grosses, sont absorbées par la masse des cellules complètement achevées, plus petites, disposées ici en une couche épaisse au-dessous du sillon primitif. Il est instructif de voir à cette occasion que les noyaux de ces cellules nouvellement formées ne se distinguent ni par leur volume, ni par leur forme de ceux des cellules vitellines. (Elles se présentent, constituées par de grains de chromatine très nettement délimités). Il est aussi important de faire remarquer que les noyaux vitellins subissant la métamorphose indiquée, sont soumis ici à une division [1]. Cette dernière circonstance réfute, à mon avis, définitivement, l'opinion émise par quelques embryologues qui soutiennent que toutes les sphères vitellines ou tous les noyaux vitellins, après la formation de la bandelette germinative, ne doivent plus être considérés comme éléments actifs (capables à se diviser).

Vu tout ce qui a été dit, et vu qu'aux stades ultérieurs du développement de la *Calandra*, je distingue clairement la métamorphose directe des éléments vitellins en cellules épithéliales de l'intestin moyen ; je crois que ma description de la formation du mésoderme et de l'entoderme secondaire et de la formation de l'épithélium de l'intestin moyen du *Bombyx mori* en particulier, est exacte et ne peut-être considérée comme réfutée par les investigateurs les plus récents de l'histoire du développement des autres insectes.

DÉVELOPPEMENT DU CŒUR. — Mes observations sur le développement du cœur du *Bombyx mori*, publiées déjà comme un exposé préliminaire dans le *Zoolog. Anzeiger*, 1879, ont été pleinement confirmées par les belles investigations de Selvatico, mentionnées dans la préface de l'édition présente. Cependant les investigateurs modernes de l'histoire du développement des autres insectes décrivent différemment le développement du cœur chez ces derniers, mais en même temps ils ne sont guère

[1] Je parle ici de la division réelle (bipolaire) et non de la désagrégation en grains, de chromatine isolés que Wheeler représente dans certaines cellules et qu'il considère, je pense, à juste titre comme indice de destruction du noyau. Cet auteur suppose que de cette façon, les noyaux des cellules passant de la bandelette germinative dans le vittellus, se détruisent. J'avoue que je n'ai jamais pu me convaincre d'une telle dislocation de cellules, décrite aussi par d'autres auteurs.

d'accord entre eux, comme cela est évident, par exemple par la comparaison des observations de Korotneff sur la *Gryllotalpa vulgaris* [1] et celles de Graber [2] sur le *Melolontha vulgaris*. Je n'ai pas eu l'occasion d'observer moi-même le développement du vaisseau dorsal chez les autres insectes, mais à juger d'après les figures 84, 85 et 93 du travail sus-mentionné de Wheeler (le texte de Wheeler sous ce rapport est par trop incomplet), je suppose que chez la *Doryphora decemlineata* le cœur se développe d'après le type que j'ai fixé pour le *Bombyx mori*, quoique du reste, les dites *cardioblastes* (c'est-à-dire les cellules donnant naissance aux parois du vaisseau dorsal) sont représentées par l'auteur mentionné, comme n'étant pas en relation avec le feuillet intestino-musculaire.

Endocranium. — Comme on le sait Palmen *(Morphologie des Tracheensystems*, 1877) et dernièrement Wheeler *(l. c.)*, supposent qu'une partie de l'endocranium des insectes doit être considéré comme trachées modifiées. Cependant, l'anatomie du *Bombyx mori* m'ayant appris (comp. A. Tikhomiroff : *Eléments de sériculture pratique,* en russe, p. 27, fig. 9) que les trachées entourant le bout antérieur et postérieur du canal intestinal et lui servant comme d'appui jouent un rôle purement mécanique et conservent en même temps leur structure, je ne puis admettre l'hypothèse audacieuse de Palmen.

[1] A. Korotneff, *Die Embryologie der Gryllotalpa, (Z. f. w. Z.,* B. XLI.)

[2] V. Graber, *Vergleichende Studien, Denkschriften der K. Academie der Vissenschaften,* 1889.

[3] Tentorium de Wheeler, appareil hyoïdien de L. Blanc, voir : La Tête du *Bombyx mori* (*Laboratoire d'études de la soie,* 1890).

PLANCHES

PLANCHE I

Fig 1. — Partie d'une coupe longitudinale du tube ovarique de la chrysalide ; *ov*, origine de l'oviducte ; *p*, enveloppe péritonéale ; *e*, épithélium de la chambre ovigère ; *n*, noyau de l'œuf ; *vc*, cellules vitelliformatives ; *n'*, noyau de la cellule vitelliformative.

— 2. — Coupe sagittale de l'ovaire d'une larve adulte ; *str*, stroma de l'ovaire ; *tr*, trachées ; *mp*, membrane propre ; *e*, épithélium de la chambre ovigère ; *vc*, cellules vitelliformatives ; *cs*, cellules libres (corpuscules du sang) en dedans du stroma ; *ovd*, origine des oviductes.

— 3. — Coupe sagittale du testicule ; *spt*, lames intérieures qui divisent le testicule en quatre compartiments ; *tr*, branche d'une trachée ; *f'*, jeunes sphères séminales ; *f*, sphères séminales plus âgées ; *sz*, faisceaux spermatiques ; *v.e.f.* vaisseaux déférents.

— 4. — Partie d'une coupe transversale d'un œuf tout récemment pondu ; *v*, vitellus ; *n*, noyau.

— 5. — Partie d'une coupe transversale d'œuf à la sixième heure du développement ; *bl*, vitellus se transformant en blastème ; *v*, granules vitellins ; *n*, corpuscules intérieurs.

— 6. — Partie d'une coupe transversale d'un œuf à vingt-quatre heures ; *n*, corpuscules intérieurs.

— 7. — Blastoderme d'un œuf de trente-six heures ; *ck, n, c*, cellules au moment de la division.

— 8. — Partie d'une coupe transversale d'un œuf de quarante-neuf heures ; *ec*, blastoderme ; *en*, corpuscules intérieurs qui entreront dans la constitution des cellules entodermiques ; *bl*, blastème ; *v*, vitellus.

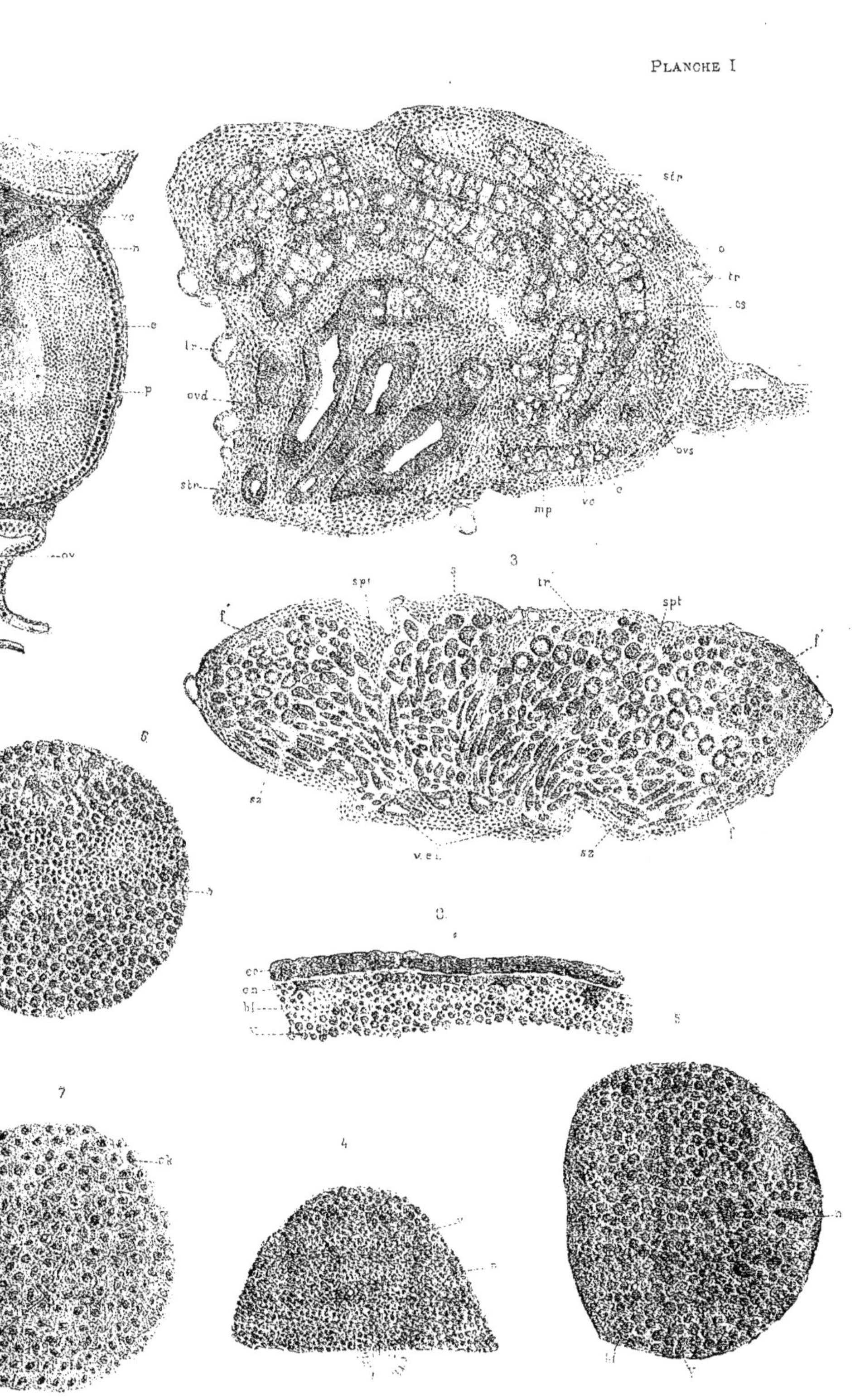

PLANCHE II

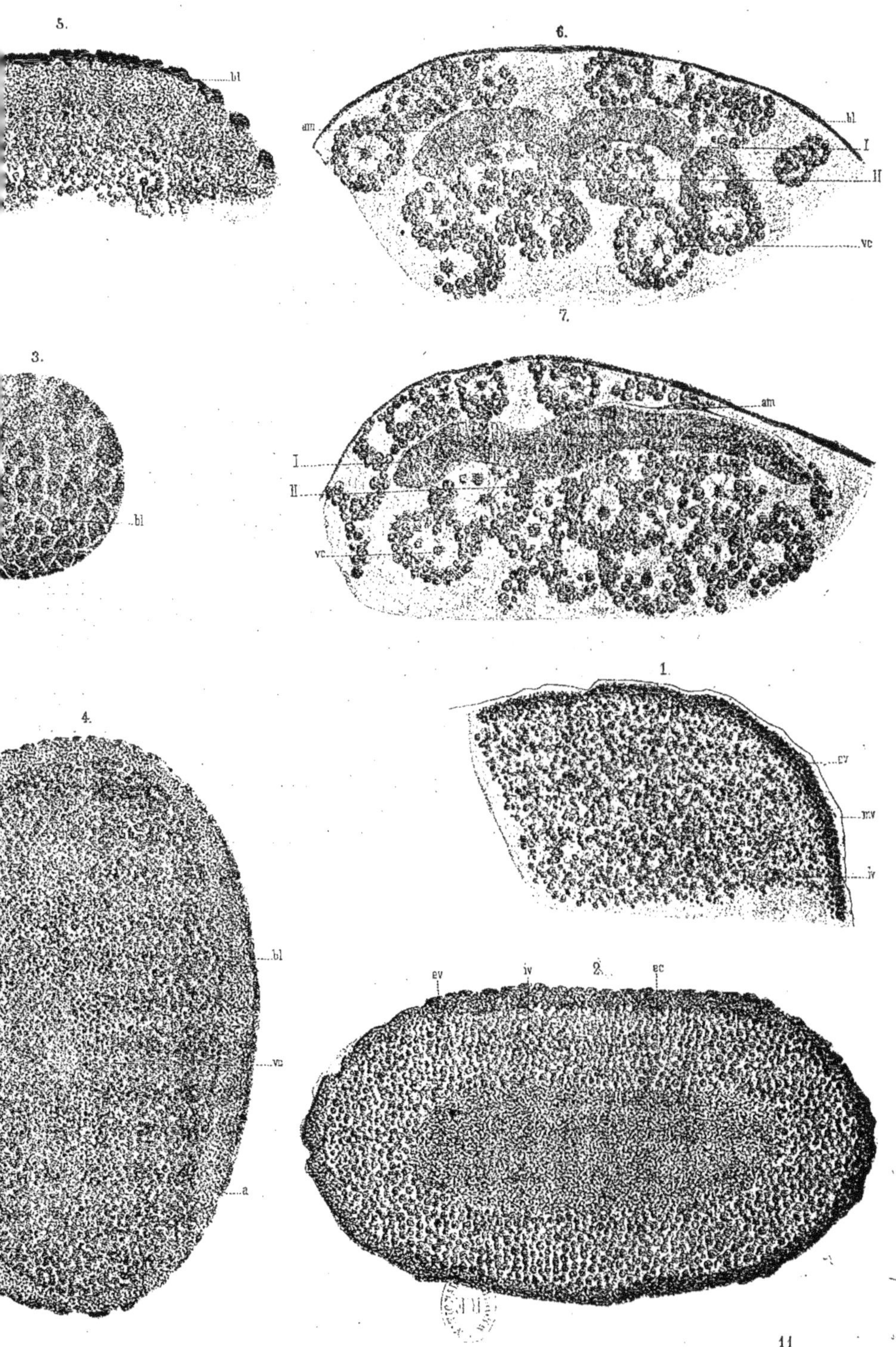

5.
bl
6.
am
bl
I
II
vc
7.
am
I
II
vc
1.
ev
mv
iv
3.
bl
4.
bl
vc
a
2.
ev
iv
ec
11

PLANCHE III

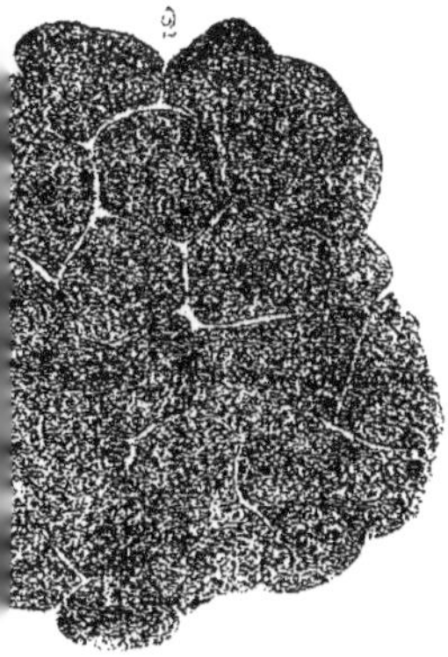

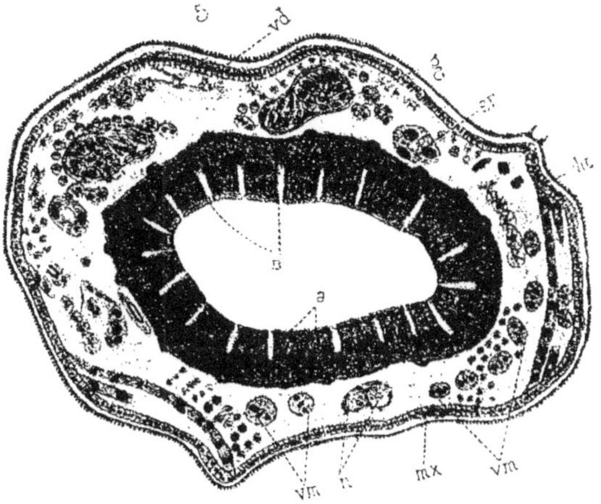

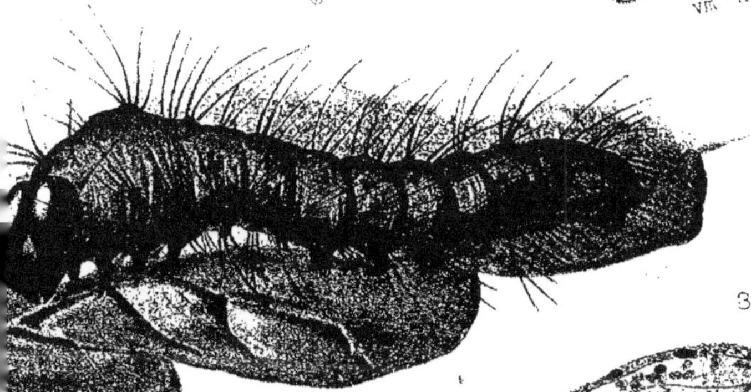

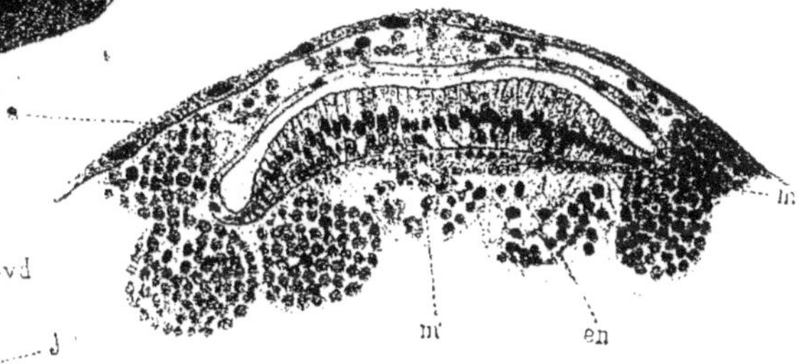

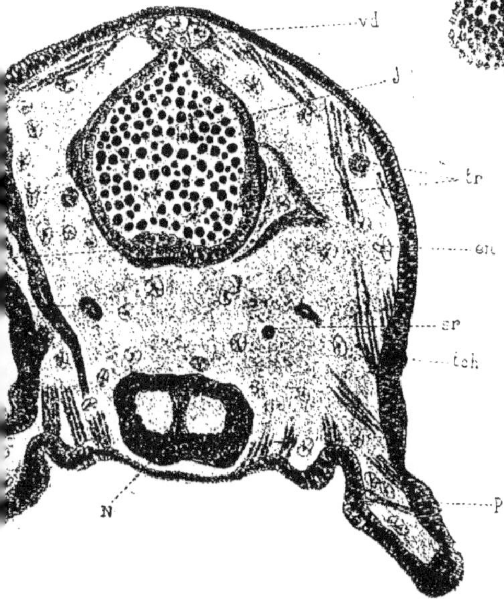

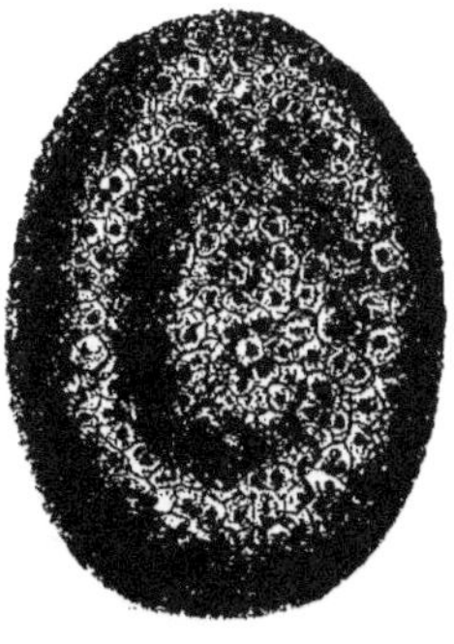

TABLE DES MATIÈRES

A. T.

Lyon. — Imp. Pitrat Aîné, **A. Rey** Successeur, 4, rue Gentil. — 3667

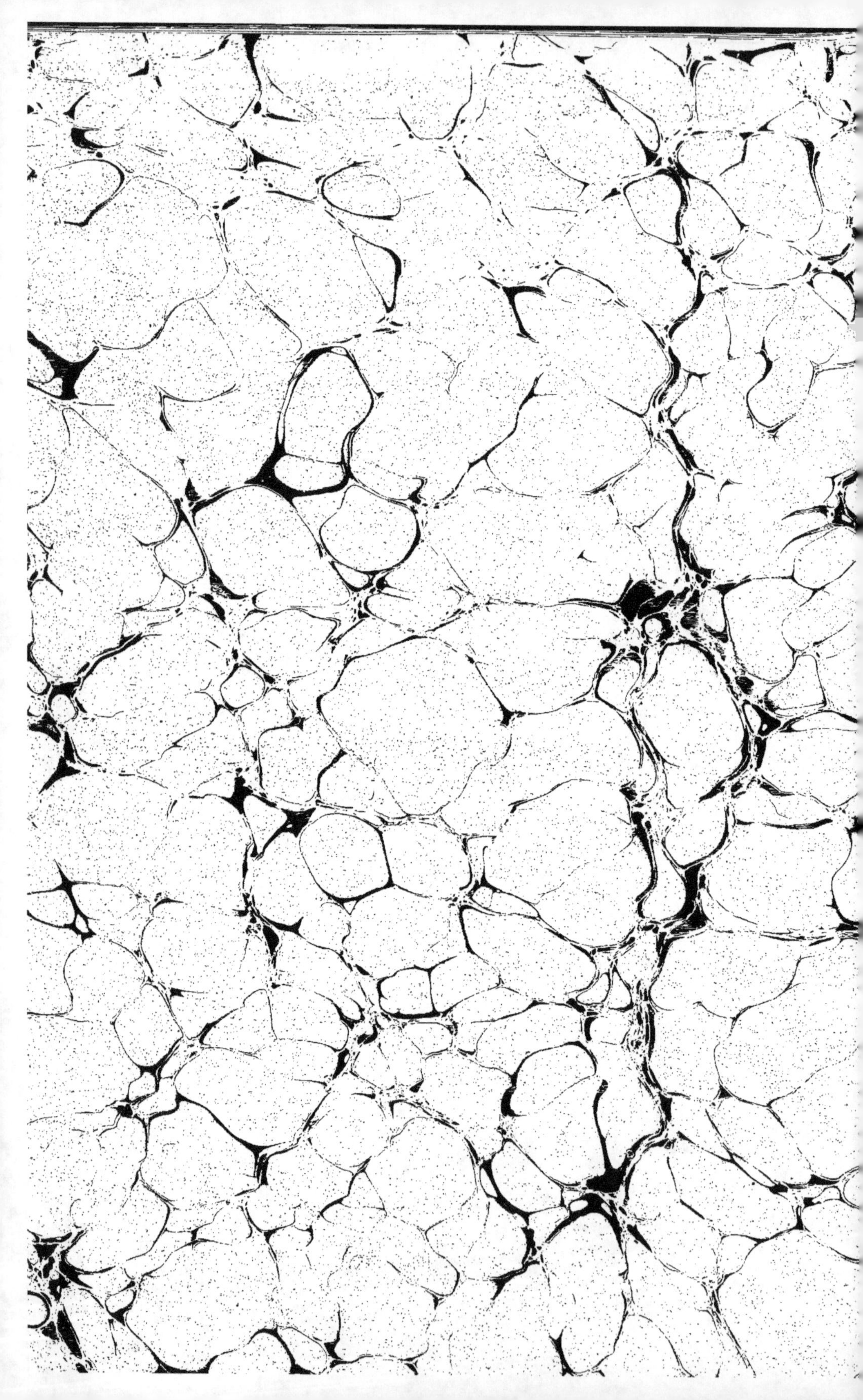

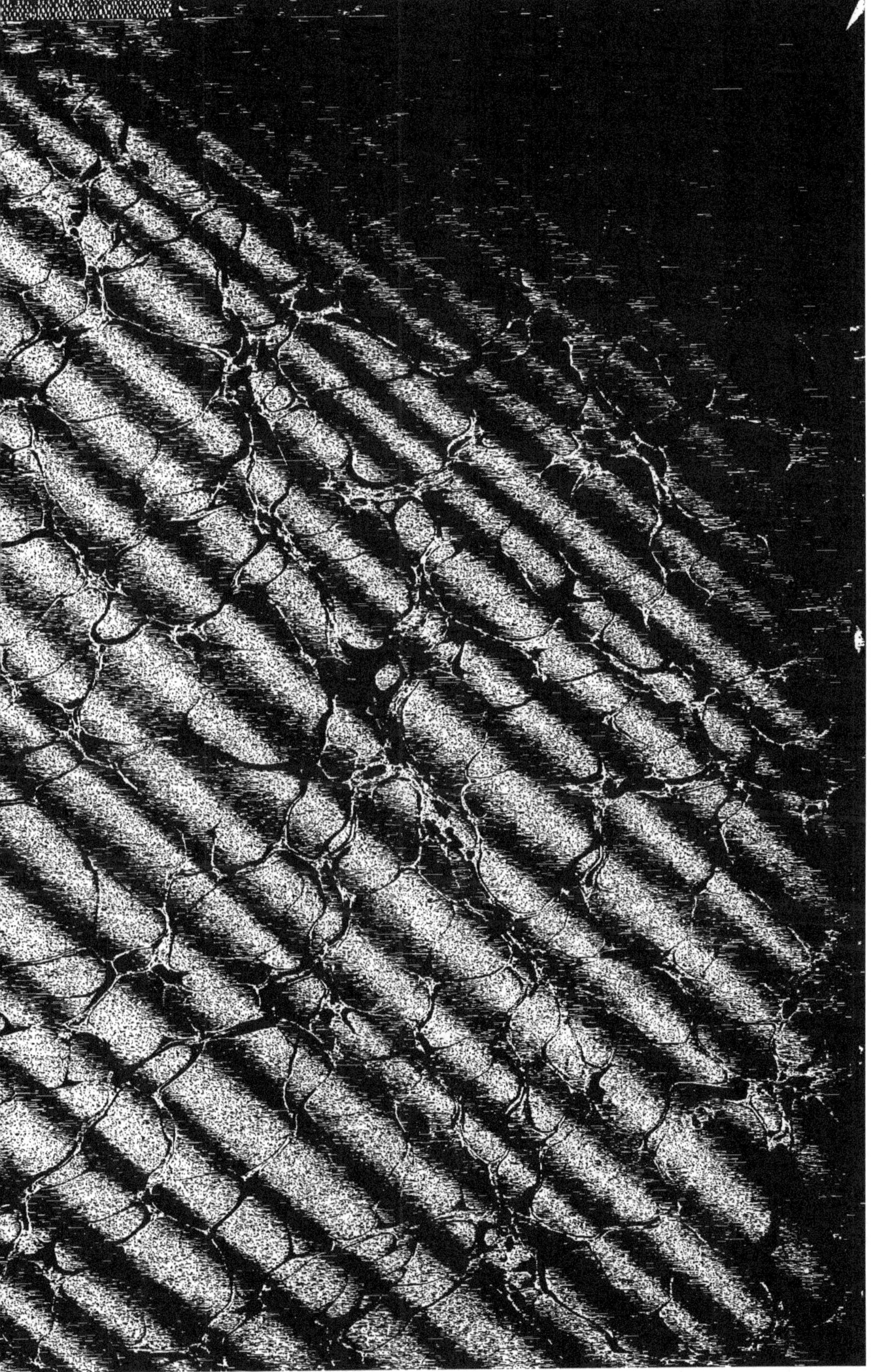

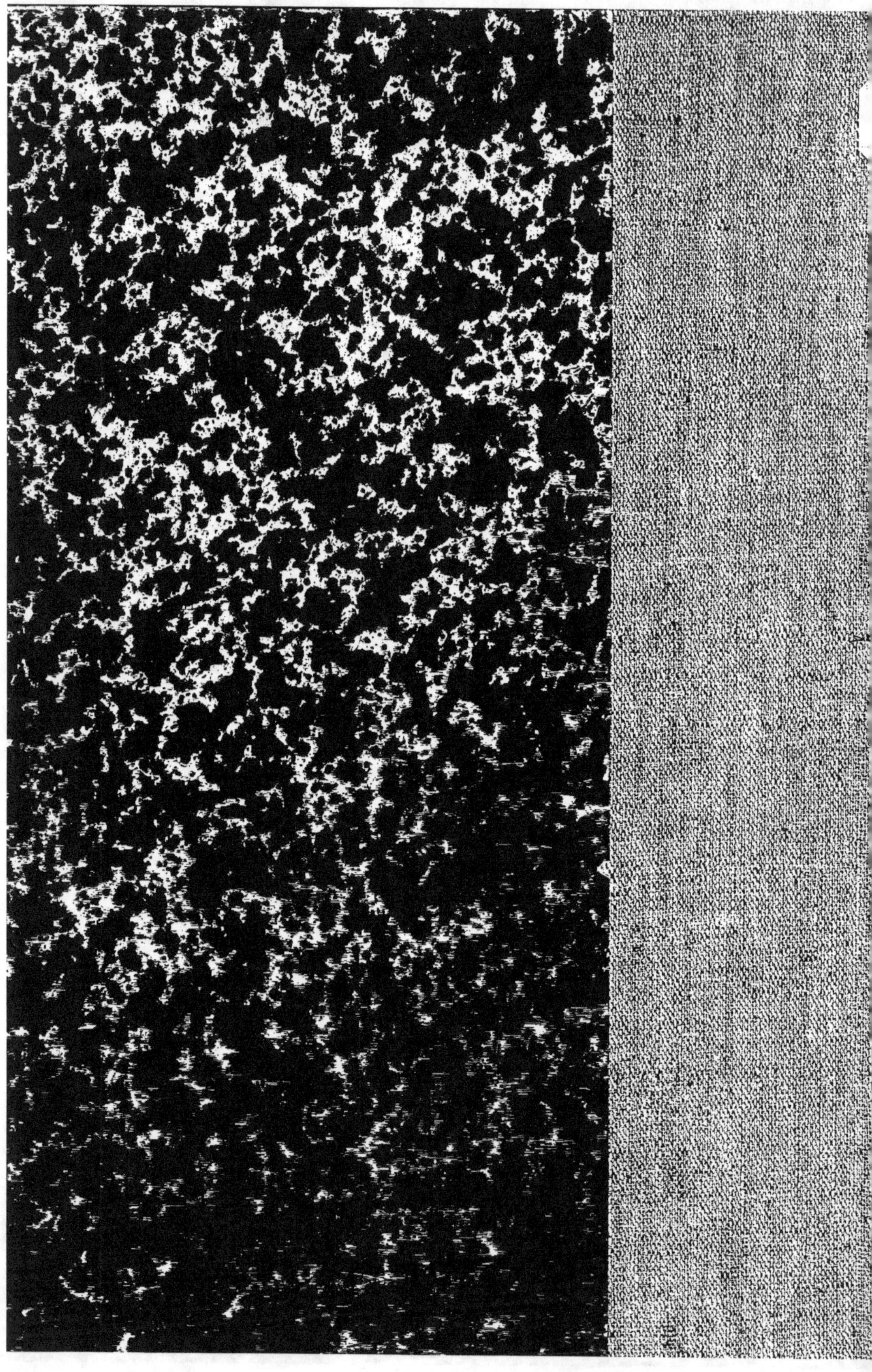